商店叢書 ⑦

連鎖企業如何取得投資公司注入資金

張向紅　蔣浩恩　黃憲仁　編著

憲業企管顧問有限公司　　發行

《連鎖企業如何取得投資公司注入資金》

序　言

這是一本寫給連鎖業者，針對連鎖業如何取得投資公司投入資金的專業圖書。

現在是連鎖業的創業和發展大好時代，每天有成千上萬的連鎖企業誕生，連鎖業在思考「企業的發展資金從哪里來？」有一個字對於它們都是最重要的：錢！

每個打算創業和已經創業的連鎖業者，都在思考這問題。

找投資公司，是一個新興的解決資金問題管道。可以說，每一個成功連鎖企業的後面，都有幾家甚至十幾家投資公司出資金支持。

連鎖業創業者背景，大多是銷售、市場或研發出身，沒有太多的財務管理經驗，對融資知識也知之甚少。儘管天使資金、VC 投資和企業創業者是很好的「事業搭檔」，但連鎖企業創業者明顯處於劣勢地位，他們除了想到投資公司會將幾百萬、上千萬美元投入之外，對其他的內容知之甚少。比如，最常聽到的問題包括：

投資公司的錢從哪里來？他們要佔多少股份？每年要多少分紅？VC 選擇項目的標準是什麼？他們到底要投資什麼樣的公司？是不是只投資某類特定的公司等？

拿了 VC 的錢是不是以後就要聽他們的，被他們擺佈了？他們會不會介入日常的管理？錢怎麼用？他們會管多嚴？投資一

家公司後一定要換財務總監嗎？到底誰聽誰的？

　　現在是資本時代，企業競爭遊戲的規則變了，**引入外界投資來發展企業已成為主要趨勢**。如果企業不引入外部投資公司的資金，它就不可能快速做大，也不可能率先股票上市，就無法通過更具競爭優勢的金融資源，來給企業提供最大的推動力。相對而言，你不成長壯大，你就會被競爭對手打擊，或者被併購。

　　隨著各種資源的頻繁交流，充斥了大量的風險投資（Venture Capital，簡稱為 VC），還有許多的「天使投資人」（Angel），使得企業創業者們為之歡欣雀躍。

　　美國是全世界 VC（風險投資）最發達的國家，投資額最大、投資案例也最多，美國創業者在創業之初就接受過有關 VC 方面知識的學習，知道如何去找、如何接觸 VC。同時，VC 也會給創業者提供 VC 融資指導。

　　本書內容完全注重實務，企業在成長的各階段，都應有不同的資本金戰略，依循那種資本金路線才會有機會做大做強，其次，本書具體分析投資公司的投資心態，連鎖業本著「知己知彼，百戰百勝」，逐步實施，才能引入投資公司的注入資金。

　　希望通過本書，讓連鎖業者瞭解自己企業的資本金戰略，對投資公司有深入的認識，確保正確引入投資公司的資金，你會發現，這就是一本可以放在手邊隨時翻閱的學習手冊。

2017 年 12 月

《連鎖企業如何取得投資公司注入資金》

目　錄

1 連鎖企業的業態特性

特許經營（連鎖加盟）是人類有史以來最成功的行銷觀念，將成為 21 世紀的主導商業模式。

連鎖經營模式之所以風靡全球並和許多行業結合，是因為這種業態具有特性，下列這些特性是其他經營模式不具有的「魔力」：

一、快速擴張性

如果一家連鎖企業具備非常強的可複製性，那麼這家企業就具備了快速擴張的基礎。而如果這家企業同時又處於無限廣闊的市場，同業內沒有龍頭企業，或者說行業集中度非常低，輔之以外部資金的推動，快速擴張就是必然結果了。

獨特的複製價值，正在使連鎖企業在工商中佔有越來越重要的地位。一種業務模式一旦成型、成熟，其複製的生命力就會像細胞一樣不斷地裂變，成為資本增值的最大驅動力。

二、可複製性

不同區域的消費人群需要相同或者類似的產品或者服務，使得連鎖企業的物理網點擴張具備了複製的可能；而一套標準化體系、

流程使得連鎖企業的物理網點擴張的複製成為現實;而優秀的管理、控制能力,確保了連鎖企業的「複製式擴張」的品質。

一種業務模式一旦成型、成熟,其複製的生命力就會像細胞一樣不斷地裂變,成為資本增值的最大驅動力。連鎖因其特殊的複製價值,而在工商業中佔有越來越重要的地位。

三、「類金融」特性

連鎖企業的「類金融」特性,是指當連鎖企業的網點達到相當規模,具備了「先拿貨、後付款」的優勢地位之後,連鎖企業就可以像銀行一樣,吸納眾多上游供應商的資金(貨品的變現),並透過滾動的方式供自己長期使用;或者指連鎖企業的網點達到相當規模,提供的產品和服務達到相當水準,企業品牌效應獲得了消費者的信任,透過產品定價和促銷等方式,吸納眾多下游消費者的預付款(之後再提供產品或者服務),同樣透過滾動的方式供自己長期使用。這樣,連鎖企業就具備了主幹金融機構銀行經營貨幣的類似功能,「類金融」或者「準金融」這個詞也由此而來。

家電連鎖巨頭國美公司,中國電器零售商,是類金融模式的典範企業之一。國美的「類金融」特徵,主要體現在佔用上游供應商的資金方面。

國美公司在中國電器零售商中所處的地位可謂非同小可,這樣的市場地位使得國美與供應商交易時的議價能力處於主動位置。通常情況下,國美可以延期 6 個月之久支付上游供應商

貨款，這樣的拖欠行為令其帳面上長期存有大量浮存現金，大
量的拖欠現金方便了國美的擴張。簡而言之，佔用供應商資金
用於規模擴張，是國美長期以來的重要戰略戰術。

　　先拿了上游供應商的貨之後，下游連鎖管道可以後付款，問題
是延後多長時間付款，這一度成為供應商和零售商最具爭議的話題
之一。在家電連鎖企業中，國美長期佔用供應商資金的能力最強，
可以延期 6 個月之久支付上游供應商貨款。

　　財務資料顯示，國美並沒有從銀行進行短期借款，而其負債又
以短期負債為主，因此可推測國美新增門店資金主要來源於佔用供
應商資金。我們可以從以下幾個方面來推理及驗證。

1. 短期負債規模與主營業務收入關係

　　首先，國美的短期負債規模與它的主營業務收入呈正比關係。
資料顯示，國美電器的短期負債從 2001 年末的 7.73 億元增長 4
倍到 2004 年末的 30.12 億元。而其主營業務收入也同步地由 2001
年的 38.73 億元增長 3 倍達 2004 年的 119.31 億元。由此，我們
可以做出這樣的推測：短期負債形式的拖欠貨款在一定程度上幫助
了國美主營業務的發展。

2. 現金/流動資產

　　2001～2004 年之間，國美資產負債表上的現金及現金等價物
與流動資產的比例快速上升。特別是在 2004 年，國美的現金及現
金等價物與流動資產的比例達到了 33.38%，而海外同行業均在 20%
以內。這證明了收入增長的提高為國美帶來了更多的帳面現金。

3.短期負債/流動資產

短期負債/銷售收入、短期負債/流動資產這兩個指標可以清晰地反映出零售商對資金佔用的能力。國美 2004 年這兩項指針分別達到 27.86%(行業平均低於 20%)和 70.88%(海外行業平均僅為 42%)。由此,不難得出結論:國美佔用供應商資金的現象非常突出,佔用能力也非一般小型零售公司可比。

另外一種「類金融」特徵,是佔用下游消費者的預付款,這種直接融資方式正在愈演愈烈,主要是透過會員卡制度來實現的。

透過佔用消費者的預付款和其他方式,快速開新店,進行規模擴張,是越來越多連鎖企業擴張日益倚重的戰略戰術。

連鎖企業的「類金融」特性,目前已經在房產仲介、高爾夫球會(會籍銷售)、書店、美容院、洗衣店等很多具體行業中有所體現。對於「類金融」特性這一特徵,有些連鎖企業運用得很好,而有些企業則濫用了這個特性和優勢。

四、「房地產」特性

連鎖企業的設店網點擴張,一定是以地產物業為前提和基礎。事實上,連鎖企業在地產物業中早已經不是乙方的位置了,不少連鎖企業已經是地產物業的「東家」、「二甲方」了。他們或者把物業門店「化整為零」轉租,或者擁有物業門店產權,或者與物業業主共同運營地產經營,或者先購買物業或與房東簽訂物業長租協議,再轉租給使用者。

眾多上市零售企業在連鎖擴張中,或自建物業,或收購門店產

權，頻繁購置商業地產在零售業內成為一種投資新熱。

　　蘇寧電器公告顯示，蘇寧 2007 年已投 10 億元左右在上海、武漢、常州、郴州等地購置店面。家電連鎖老大國美電器同年也啟動了優質商鋪收購計劃，8 月斥資 1 億多元購置了天津南樓店物業。

　　熱衷收購地產物業的不只是家電連鎖，一些擁有雄厚資本的百貨企業也加入其中。2007 年 3 月，在香港上市的浙江銀泰百貨表示，將用 8 億～10 億港元開設新百貨店及收購門店物業，到下半年，銀泰百貨已收購了杭州一家門店的產權和杭州海威房產 33%權益。2007 年 7 月份在港上市的香港新世界百貨也表示，將用 6 億元收購一些門店的物業產權。

　　連鎖企業在快速的擴張過程中，租賃店面一般都受週期性因素的局限，往往導致自己的經營成本出現不確定等問題。而連鎖企業一旦擁有贏利前景良好的物業產權，一方面企業可以更好地掌握自主經營權，另一方面還能減少租金壓力，保持長期穩定的經營。

　　不少連鎖企業已經在把物業門店「化整為零」轉租。在商業地產前景看好的情況下，大型連鎖零售企業購買物業「進可攻退可守」，零售商既可以選擇自主經營，也可將其出租或出售，轉型為商業地產商後，可獲取穩定的收益。

　　麥當勞等世界連鎖巨頭是這種合作模式的發明者和長期實踐者。麥當勞是賣漢堡包起家的，麥當勞最出名的也是它的漢堡包，事實上，現在麥當勞公司的收入其實主要不是銷售漢堡包，而是房地產收入。麥當勞公司擁有自己的房地產公司，該公司在 1985 年一躍成為美國資產最雄厚的房地產公司之一。

到 20 世紀 80 年代中期時，麥當勞的 9300 家餐館中有 60%的房地產是屬於麥當勞總部的，這些物業先由麥當勞購買或者長租，然後再轉租給使用者。在開創麥當勞事業之初，克洛克遇到的最大問題就是驗證以尋找到出資蓋餐廳的投資人。他為了保證連鎖店的品質，堅持只賣個別連鎖的特許權，而不出賣地區連鎖權。但是，連鎖經營的加盟者一般都沒有足夠的資金支付 3 萬美元的土地費用和 4 萬美元的建築費用，更無力爭取貸款。為此，克洛克想出了一個辦法，成立麥當勞連鎖加盟房地產公司，負責尋找合適的開店地址，以 20 年為期的合約租賃土地和房屋，然後將店面出租給加盟店，獲取其中的差額。這樣既解決了加盟者開店的困難，又增加了公司的收入。

不過，真正開創麥當勞房地產事業的人並不是克洛克，而是連麥當勞公司的員工都不詳其情的哈裏‧桑納本。

桑納本在 1956 年放棄了在黛斯蒂公司的總裁職位，加入麥當勞。他在麥當勞工作了 10 年，為麥當勞謀劃生財之道，其中包括大膽經營房地產戰略。

克洛克雖然對房地產並不是太懂，但憑著自己敏銳的直覺，他認為經營房地產不僅會給公司增加一項重要的收入，而且手中多了一根管理加盟者的「鞭子」。於是，麥當勞連鎖加盟房地產公司成立了。

麥當勞連鎖加盟房地產公司網羅了一批房地產專家。他們乘坐麥當勞公司配備的三架飛機飛遍全國各地，為麥當勞尋找地點合適和價格便宜的房地產。就連克洛克本人也隨身攜帶著幾本像電話簿那麼厚的資料，飛機每飛過一個地方，克洛克都

要拿出這樣的書翻一翻，看看有沒有可能在這個地方開一家餐廳。

　　麥當勞最初的策略是把眼光瞄向郊區。當時的郊區還處在開發前的階段，到處都是空地，只有加油站的數量在不斷增多。

　　克洛克敏銳地意識到郊區的發展潛力。於是，他給麥當勞房地產公司的人下了一道命令：到學校、教學和新住宅區附近去尋找可供利用的地皮。

　　由於一切都處在發展時期，土地並不難買，而麥當勞房地產公司給予的優惠使房地產主實在難以抵擋它的誘惑：他們可以獲得一筆貸款，用這筆貸款在他們的地產上蓋起一座怪裏怪氣的紅白色相間的建築，然後以每月 500～700 美元的租金租給麥當勞公司 20 年。

　　按照桑納本的辦法，麥當勞以每月 500～700 美元的價格從房地產主手中租得的店面，在簽訂租約時不允許房地產主帶有「定期調整租金」的條款。然後，他再把店面轉租給麥當勞餐廳經營者，加上兩到四成的租金。

　　按照麥當勞總部與加盟店之間的合約，加盟店除了至少向麥當勞總部繳納租金的 40% 以外，當餐廳達到一定的銷售水準時，還要按營業淨利潤 5% 的比例繳納增值租金，而且繳納的比例逐年增加。因此，只要承租的加盟店不倒閉，總部至少可以從房地產上獲得 40% 的租金。

　　對於加盟者首期需支付的 7500 美元保證金(1963 年後升至 1 萬美元，以後又升至 1.5 萬美元)，其中的一半在 15 年後歸還，另一半在 20 年合約期滿後歸還。麥當勞房地產公司再以合約為

抵押向銀行取得抵押貸款，然後不僅可以把貸款作為購置這批房地產的首期支付款，還可以進一步購買房地產。

麥當勞的房地產戰略取得了巨大成功，麥當勞產業迅速鋪開，用克洛克的話說：「這些餐廳完全是用人家的錢蓋起來的。我們自己一分錢都沒花。」

到 20 世紀 80 年代中期時，麥當勞的 9300 家餐館中有 60%的房地產是屬於麥當勞總部的。

來自加盟店的收入中的 90%屬於房租收入，麥當勞幾乎沒有承擔什麼風險損失。在這些餐廳中，平均每月只有 500 家不能按照標準比例支付服務費，也就是說，麥當勞總部可以從絕大多數的餐館收取 8.5%的房租金和 3%的服務費。因此，麥當勞公司一躍成為美國資產最雄厚的房地產公司。1985 年，麥當勞的土地資產超過西爾斯公司，達到 41.6 億美元時，紐約證券交易所把麥當勞列入道·瓊斯工業指數。

麥當勞的房地產戰略不僅為總部帶來了利潤，同時，由於總部控制了房地產權，加盟者必須保證自己嚴格地按照《麥當勞手冊》規定其各項活動，否則他們將會失去這一房產的合法使用權。

在 20 世紀五六十年代，雖然加盟連鎖店在美國已成為連鎖體系發展趨勢，但是加盟店與總部的糾紛不斷發生，甚至訴諸法庭，而法庭往往是站在加盟店一邊來限制總部。在這種形勢下，許多連鎖加盟體系深受其影響，有的甚至走向沒落。相比之下，麥當勞利用其獨特的房地產戰略有效地保護了自己的利益，使加盟店按照總部的規定進行食品生產和餐廳管理人員培

訓,按期繳納服務費。

　　由此,房地產收入已成為麥當勞收入的支柱之一,也是其獨特的經營戰略之一。

五、非主營業贏利能力

　　傳統零售商的贏利模式是透過提高銷售規模來增加自己對供應商的議價力,從而降低採購價格,用薄利多銷的方法獲取差價以達到贏利的目的。

　　但是除了這一點以外,作為超級商業終端的國美,更強調「吃」供應商的非主營業贏利模式,即國美以低價銷售的策略吸引消費者從而擴大銷售規模,然而低價帶來的贏利損失並非由國美獨自承擔,相反的,國美將其巧妙地轉嫁給了供應商,以通道費、返利等方式獲得其他業務利潤以彌補消費損失。低價策略帶來的強大的銷售能力使得供應商對國美更加依賴,於是國美的議價力得到進一步提高——以更低的價格採購貨物,同時以更低的價格銷售,這種非主營業贏利的模式也便如此不斷循環。

　　2001~2004 年,國美電器其他業務利潤增幅遠高於其主營業務增長。以 2002 年為例,國美其他業務利潤增長率高達 249.33%,是其主營業務收入增長率的 3.51 倍。再看 2004 年,其他業務利潤也是主營業務增長率的 1.83 倍。這些事實和數據均有力地證明了國美在非主營業上的贏利業績。

　　所謂的「其他業務」包括那些方面的收入呢?可以說包羅萬象,從促銷收入、進場費用、管理費收入,到貨品上架費、冷氣機

安裝管理費、展台費、代理費收入、廣告費等，這些收入又是從何而來呢？歸根結底，還是上游供應商。僅以入場費為例，其費用率最低為 15%，最高可達 30%之多。

這樣的經營模式很好地解釋了為什麼國美頻頻發動價格戰而仍具雄厚的資金保障——低價帶來的損失被可觀的非主營業贏利成功地彌補了。

在零售圈內，有一個專業的術語來稱呼「其他業務」，這就是「通道費」。連鎖企業尤其是超市已經患上了「通道費依賴症」，「通道費」不僅成為中國超市的主要贏利來源，更成為困擾供應商，影響零供關係的一大難題。

通道費是零售商向供應商以各種名義，額外收取的經銷費用，常見的包括陳列費、上架費、促銷期間的促銷費、新店開張費等，通道費被廣義地定義為供應商為零售商經銷其貨品所支付的一切費用，而根據各超市年報及新聞資料，以上幾項是較為普遍的例子。這些通道費項目在財務報表上被歸入「其他收入」一項，而計入主營業務收入。由於通道費收入幾乎不需要成本支出，所有的經營成本均來自於銷售活動，應在毛利中扣除，而得到主業務收入，即實實在在從經營超市所獲得的收入。

透過比較通道費佔主營業務的比例，可以瞭解到各超市對於通道費的依賴程度，以及主營業務部份的贏利能力。通道費佔主營業務收入比例越高，超市越「不務正業」。

超市對通道費的依賴十分嚴重。以上海聯華為例，2004 年，聯華超市主營業務收入為 2.6 億，而通道費收入就高達 7.3 億，即如果沒有通道費收入，真正經營超市業務部份已虧損 4.7 億元。華

聯綜超同樣也將虧損 1.0 億元，而就連情況最好的物美超市，通道
費亦佔主營業務收入 96%，實際超市收入所剩無幾。

六、自我擴張能力

既可吸納上游供應商的資金，又可吸納下游消費者的預付
款——連鎖企業的「類金融」屬性，使得連鎖企業可以像銀行吸儲
一樣，並以滾動的方式長期廉價使用外部資金，從而使連鎖企業具
備了商店自我擴張、經營自我擴張的能力。連鎖企業的「類金融」
屬性越強，其自我擴張能力相應就越強。

國美新增一家連鎖門店在理論上需要 4000 萬元左右的資
金，按每年新開店約 300 家計算，國美所需資金約為 120 億元。
然而，據國美電器的年度報表顯示，以 2004 年為例，其資產負
債表上的現金及現金等價物只有 15.65 億元，這個數值遠遠小
於擴大規模的需求。究竟是什麼因素在背後支持著國美電器在
近幾年急速擴張呢？

在理論上，國美新增一家連鎖門店需要 4000 萬元左右資
金；在現實中，到底國美每開一家新店要淨付出多少資金？

先讓我們仔細計算一下國美開一家新店的實際資金流出和
流入。

(1)資金流出

據資料顯示，國美新增門店一次性費用需要大概為 1500 萬
元，再加上新增門店開店初需要購置的家電總貨款(一個月)為

2500 萬元，新增一家門店需要 4000 萬元左右資金。

(2)資金流入

以 2005 年度的資料計算，國美的 445 家分店全年總銷售額達 500 億。這表示平均每家每年銷售額為 9000 萬。以平均佔用供應商比例 26％計算，可佔用資金為 2340 萬(9000 萬×0‧26)，再加上平均非主營業務(以佔銷售額 13％估算)。據此估計開每家新店總資金流入約為 3500 萬(1170 萬＋2340 萬)。

根據以上推測，國美每開一家新店淨付出資金為 500 萬(4000 萬－3500 萬)。這就是說，國美每開一家新店只需要 500 萬元，而不是 4000 萬元！

可以發現，由於在家電市場中的超級終端位置，國美具備了超出自身盈利能力 8 倍左右的自我擴張能力。

雖然國美長期佔用供應商資金令其運營模式進行得很成功，但是他意識到：這畢竟是一個治標不治本的方法，因為借的錢總得要還，而且龐大的資金缺口和借債會對公司未來的現金流產生負面的衝擊，現金流一旦斷裂將會對企業帶來重大的財務危機。

七、產業鏈延伸能力

作為產業鏈條的終端勢力，連鎖企業具備向上游生產製造業的延伸能力。

除了參股或者控股上游製造企業外，大型連鎖企業向上游生產製造業的延伸，主要是透過開發自有品牌實現的。自有品牌實質上

是零售企業的貼牌產品，即在細分的流通產業鏈條上，作為終端的零售商不進行生產，而尋找有加工能力和信譽的生產廠家進行生產，最終的產品使用零售企業品牌。

目前，開發自有品牌已經成為每家大型連鎖企業的發展方向之一。超市出售自有品牌商品也是世界商業的一個大趨勢，在市場中，自有品牌已經佔到所有商品的 40%左右。美國自有品牌製造協會 2004 年底的資料顯示，自有品牌商品佔超市年銷售額的比重在美國為 40%，在英國為 32%，在法國為 24%，在加拿大為 23%。

事實上，大型超市開發自有品牌的力度更大，有些企業甚至基本上只出售自有品牌的商品。在美國，著名的西爾斯零售公司 80%的商品都是自己的品牌：在世界連鎖零售巨頭沃爾瑪，有 30%的銷售額、50%以上的利潤來自它的自有品牌；日本最大的零售商大榮連鎖集團自有品牌的數量也佔到了 40%左右。在法國，迪亞折扣店是真正的價格殺手，其自有品牌的比例達到 50%～60%。

世界連鎖零售巨頭沃爾瑪同樣也是自有品牌的典範企業。在沃爾瑪，有 30%的銷售額、50%以上的利潤來自它的自有品牌。

沃爾瑪擁有的自有品牌涉及食品、服裝、玩具等多個領域。在很多品類裏，沃爾瑪自有品牌的銷售額都進入了行業的前三名。例如，在洗衣粉細分領域，寶潔公司生產的汰漬牌洗衣粉原來在美國市場佔有率名列第一。自從沃爾瑪推出自有品牌的洗衣粉之後，很快就取代了汰漬洗衣粉的位置。而達到這一目標，沃爾瑪並沒有採取大量廣告宣傳，僅僅就是透過自己強有

力的品牌和龐大的銷售管道。

在催生自有品牌產生的各種因素中，利潤是一個最重要的因素。

據瞭解，一般來說，正常自有品牌利潤是 OEM 的一倍。在沃爾瑪，其開發的自有品牌「samschoice」可樂，價格比普通可樂低 10%，利潤卻高出 10%，在自己門店中的銷量僅次於可口可樂。

管道商自有品牌產品的利潤空間大於製造商，其根本原因還在於其終端優勢。自有品牌降低成本、擴大利潤空間的另一辦法就是擺脫代理中間環節，由零售商直接組織生產加工。按照一般零售行業的供應鏈，是從「原料→生產加工→經銷商→零售商→顧客」，供應鏈每增加一個環節，商品的價格就增長 30%左右。管道商自有品牌產品減少了經銷商這一環節，省卻了從生產到銷售的中間環節，以近乎「前店後廠」的模式，大大節省了管道成本，因此自有品牌商品價格要比同類品牌的商品價格低。

對抗擁有品牌的製造商，是管道商開發自有品牌產品的又一個重要因素。大的管道商都已經推出或者即將推出自有品牌的產品，搶佔其經銷的品牌產品的市場，成為品牌商的直接競爭對手，這已經是一種必然趨勢。而且，他們對品牌製造商的產品和優缺點知根知底，更容易有的放矢，搶奪市場。

在和中國的供應商合作時，沃爾瑪經常以進貨量巨大、幫助供應商進入世界市場、現金結算等三個理由，要求供應商大幅降價。

例如沃爾瑪和浪莎的合作,沃爾瑪的超級買手(SuperBuyer)們會由襪子需要多少紗線,紗線的成本來推算襪子的成本,所以價格壓得很低,要求降價 25%。依靠其強勢的終端勢力,超級管道商沃爾瑪在同一件商品上獲得的利潤卻遠遠高於辛辛苦苦的製造商,而承擔的風險卻遠遠低於製造商。

沃爾瑪等強勢終端的崛起,已經在逐漸開始削弱品牌帶給消費者的影響,強勢管道已經逐漸成為一種品質和信譽的象徵,對於很多產品來說,品牌的影響可能會處於一種次要位置,例如食用油、大米、紙巾等,這類產品即使沒有名氣,只要品質過硬,也完全可以在強勢管道裏銷售得很好。因為消費者已經在心理上完全信任管道商銷售的產品。況且,一般廠商能夠生產出來的產品,管道商完全可以透過貼牌的方式生產出來,自己經銷。因為擁有管道,所以在零售價格上擁有絕對的優勢,又能輕易取得好的陳列位置,管道商自有品牌產品自然非常容易地在激烈的競爭中佔據競爭優勢,從而更快取得市場業績。

因此,與其說今天的沃爾瑪是一個貿易企業,不如說它是一個工貿企業,不過它不親自生產就是了。

自有品牌越多,競爭力就越強,連鎖企業透過自有品牌的生產,正在對上游製造進行控制。現在一些大的零售企業,在與給他們提供產品的製造企業的利益博弈中已經處於優勢地位,因為零售企業對消費者具有巨大的吸引力,使得生產商要想銷售更多的產品必須越來越依賴零售企業所提供的銷售管道。

世界零售巨頭,都已經邁開了開發自有品牌的步伐,法國家樂

福集團已經同時在分店全面推出自有品牌產品。其產品是一種由家樂福從設計、原料、生產到經銷全程控制的產品,由家樂福指定的供應商生產,貼有家樂福品牌。

2 連鎖企業如何擴張

擴張是連鎖店經營的關鍵問題,只有透過正確的擴張策略,連鎖店才有可能成長,才可能不斷增加競爭力,一旦擴張失敗,連鎖店就會大傷元氣,乃至走向破產或解體。在連鎖店的擴張過程中,要注意到的要素:

1. 擴張資本

兵馬未動,糧草先行。連鎖店要擴張的話,首先必須有一定數量資本。連鎖店可以用自己創業經營的積累作為擴張資金來源。然而創業之初,連鎖店本身資金並不雄厚,僅僅依靠創業者自身企業積累,連鎖擴張的步子難以邁大。

除了自己創業積累的資本外,連鎖店擴張資本還可以有以下三種來源:一是擴大資本金,或透過出售部份股權來集資;二是舉借外債,可以向企業職工借款,也可以發行債券或向銀行借款;三是吸引中小投資者帶資加盟。

2. 擴張業態

一般而言,其創業業態就是其擴張業態。但如果創業業態市場

已飽和，成長無潛力，則可考慮向其他業態擴張。或者在其他業態有較好的擴張機會，也可以考慮其他業態。

3.擴張區域

在擴張區域方面，連鎖店擴張要考慮下列兩個因素：一是所要擴張區域市場情況和競爭水準；二是連鎖店總部與分支店的分佈與其擴張的區域聯繫是否緊密。

擴張區域有如下幾種：

①以現有連鎖店總部和分店為中心區域，呈同心圓方向，向四週擴張。

②依託與連鎖店總部、配送中心和現有分店之間的交通網絡進行擴張，在主要交通線交界處擴張網點。

③依託與連鎖店總店與配送中心連接的主要交通幹道，在其兩側實施帶狀擴張。

4.擴張方式

連鎖店的擴張方式必須認真策劃，一般有三種形式。

第一種方式是自身不斷開出分店，以企業對每一家分店擁有完全所有權為特點。

第二種方式是兼併，透過對小型連鎖商或獨立零售商實施兼併，或者吸引中小投資者加盟連鎖店，擴大連鎖規模。

第三種方式是現在較為流行的特許連鎖，就是透過吸引大量的中小投資者加盟連鎖店這種方式，來實現擴張的目的。

5.擴張時機

服飾連鎖店總部至少應在三個不同的地方開設樣板店，並獲得全部成功後，才能積累經驗，樹立樣板。也只有在這時，才能說服

投資者加盟，並確保加盟店經營成功。

6.擴張密度

連鎖店的擴張密度要合適。如果在同一地區開出的連鎖店過多，加盟店之間就易出現自相殘殺的局面，但如果過少，則會給競爭對手留下可乘之機，令企業追悔莫及。因此，一般而言，最適宜的密度是兩家加盟店之間的距離保持在邊緣商業圈相交到次級商業圈相切的水準上為佳。如果邊緣商業圈相距過遠，則對手打入的機會太大，如果分店之間使次級商業圈相交，則兩家加盟店會彼此爭奪業務。

7.擴張速度

連鎖店的擴張速度要慎重策劃。即使創業店相當成功，連鎖店的擴張速度也不易過快。如果擴張過快，會使開發負擔過重，有可能使新開店的品質下降；擴張過快會使連鎖店對市場情況的變化難以做適應性調整。但連鎖店的擴張也不宜過慢，擴張速度過慢的話，連鎖店經營的規模效益將不明顯，連鎖店獲得規模效益的時間太晚，企業在達到規模水準之前就有可能破產倒閉；擴張過慢，就意味著進攻和擴展市場的速度較慢，有可能被競爭者搶先佔領開店的黃金地點。

因此，連鎖店擴張的步子太大不行，太小也不行。一般而言，連鎖店從創業到達到規模經營宜在 2～3 年內實現。

8.配送中心的擴張

配送中心的擴張應與加盟店的擴張在擴張區域、擴張速度上相配合。最初由原來配送中心承擔對各新開店的配送業務，但其配送能力由於加盟店的增加而變得有限，企業必須同時增加新的配送中

心。企業配送中心分佈也要合理，要保持適當距離，過近會造成配
送能力的浪費，過遠則會使配送成本升高。

3 麥當勞的連鎖經營模式

　　麥當勞的經營模式堪稱世界經典，可是你仔細研究一下就不難
發現，其中就浸透著按圖索驥和削足適履的思路。

　　為了保證每一個店的成功，麥當勞為加盟店選址設置了數十條
指標，所有的指標都滿足了，店址才能確定。麥當勞對加盟商的選
擇也有諸多標準，此外還要對其進行一年的嚴格培訓，確保他們每
一個都能品質達標。這就可以解釋為什麼麥當勞開的每一個店都會
火，因為這層層篩選指標已經把店址和經營者這兩個最大的風險因
素給濾掉了。

　　麥當勞招聘員工也有嚴格的指標和程序，世上大多數企業都希
望招有經驗的員工，而麥當勞卻專門招沒有經驗的員工，它認為偏
見比無知離真理更遠，一張白紙好畫畫。世上大多數企業招聘員工
都設下限，例如要求大專以上；而麥當勞招聘員工卻設置上限：大
專以下，因為它認為大學畢業生心態不穩定。被這些篩選指標過濾
後的員工，基本上都能保持對麥當勞的忠誠度。員工隊伍的穩定，
是麥當勞經營模式得以順利傳承的保證。

　　麥當勞選擇供應商的指標更是獨具一格。世上大多數企業選擇

供應商都追求強強聯合，而麥當勞卻追求強弱結合，它選擇供應商的標準是加工能力強、銷售能力弱，前者可以保證其產品品質，後者可以保證其忠誠度，一道濾網又篩掉了兩個風險。

麥當勞最主要的服務品質標準有兩點：一是保證所有分店的食品品質統一，二是承諾客戶等待時間不超過兩分鐘。為了滿足這兩個指標，麥當勞對運營流程的每一個環節都做了精心的設計，並設置了量化標準。

(1)為了保證品質的統一，麥當勞提供的食品及飲料不超過 10 個品種，由於產品種類少而精，使它能夠有效地控制食品原料及加工品質。你不妨對比一下中餐館，每打開一個菜單都有上百道菜，上百道菜需要採購上百種原材料，幾十種技術和工序，由此你就不難理解為什麼中餐館的連鎖店很難統一品質標準了。

(2)麥當勞提供的所有食品都在工廠統一加工為半成品，統一配送到店時，離成品只剩下最後一道工序：加熱。工廠生產線是標準化的環境，每一個環節都是可控的，因此品質可以達到高度統一。對比一下中餐館，後廚基本上是手工業作坊，換一個廚師炒出來的菜味道都不一樣，即使同一個廚師炒同一個品種的菜，都無法保證前一鍋和後一鍋味道一樣。

(3)為了節省客戶點菜時間，麥當勞只給客戶提供有限的選擇：不到 10 個品種，你可以一目了然；為了便於客戶流覽，把所有的菜單都用彩圖列在牆上，並編上號碼，即便你不識字(外國人)也可以看圖識數(阿拉伯數字)。

(4)在裝修設計上，麥當勞的大門永遠正對著收銀台，以便客戶一進門就可以看到牆上的菜單，你一邊盯著菜單一邊走到收銀台前

的這幾秒，已經可以決定吃什麼了，而兩分鐘等待的承諾是從客戶
站到收銀台前開始排隊算起的。對比一下中餐館，你每打開一本菜
單都有上百道菜，光流覽一遍就需要花至少 10 分鐘，要是麥當勞
這樣幹，收銀台的隊早就排到新疆了。

(5)點菜和付錢的時間不超過一分鐘，剩下的一分鐘留給食品的
最後一道加熱工序。麥當勞為這道工序配置的設備是微波爐和烤
箱，可以輕易做到兩個可控：第一品質可控，第二時間可控。

(6)唯一讓麥當勞頗費腦筋的工序是炸薯條的油鍋。要想保證上
述兩點可控，它不惜採用航太材料來製造油鍋，以便讓油鍋的工作
溫度恒定在 167℃（約合 333°F）；用計時器保證薯條在油鍋中的時
間為 13.14 秒；並要求廠家在配送薯條半成品時就把分量稱準並包
裝好，以免每份不均。

按圖索驥、削足適履，接受這一理念難，堅持這一理念更難。
有很多企業家講究嚴格定制、靈活執行的處事風格，碰到一些不盡
人意的現象容易妥協。要素選擇 10 個指標，有一兩個不達標也可
以放進來；流程控制 10 項標準，有一兩個不達標也可以放過去。
而正是這類靈活態度，使他們無法打造出經得起考驗的經營模式，
一有個風吹草動，他們的模式就會四面漏風，導致全線崩潰。打造
模式，首先要學會的就是放棄。凡事堅持按圖索驥，不像圖上的馬
絕對不要，不屬於自己的機會堅決放棄。這個世界上，你不能什麼
都做，什麼都要，你只能為客戶提供有限的服務和產品。什麼都做，
什麼都要，就什麼也做不好，什麼也得不到。捨得捨得，有捨才能
有得，放棄了不屬於你的機會也就同時遮罩了風險，避免了失敗。
企業家若想有所為必有所不為。

麥當勞選擇客戶的戰略堪稱跨世紀的豪賭，在它剛進入中國的時候，幾乎沒有人看好它的前途，認為麥當勞提供的食品完全不符合中國人的口味。但是麥當勞制定的戰略是：放棄上一代，抓住下一代。只要抓住了下一代，就會擁有未來的中國市場。

結果證明，麥當勞賭贏了，中國人的下一代幾乎都成了麥當勞粉絲，逼著他們的上一代咬牙切齒地埋單。你很難想像，如果當年麥當勞動搖了、妥協了，去迎合中國人的風味，結局會怎樣？

連鎖經營的權利和義務

一、連鎖總部的權利和義務

1. 連鎖總部的權利

連鎖總部的權利主要包括以下部份：

⑴向加盟者收取一定費用，其中包括特許加盟費、廣告促銷費、特許權使用費、店址評估費、教育培訓費、設備及固定設施的租用費等。一般對合約到期而不再續約者，不退還這些費用。

⑵連鎖總部（即特許者）在向加盟者授予特許權後，根據具體情況和連鎖企業經營目標，可以對加盟店提出必要的營業標準和要求。主要有：特許者可以對加盟店的經營活動進行監督，以確保特許體系的統一性和產品、服務品質的一致性；有權要求被加盟店使

用特許者所認定的標準會計系統並允許特許者在任何時候查閱、評估會計記錄；有權要求加盟店使用統一的廣告，並接受特許者對地方性廣告的控制；有權要求加盟店從統一的採購管道來進貨；有權要求加盟店接受特許者的員工培養方案。

⑶連鎖總部為實現總體經營戰略目標，有權要求加盟店按要求對經營場所進行選擇，有權規定統一的營業時間，有權對加盟店進行不定期的業務檢查並提出整改措施。

⑷有權對促銷費用進行分攤，由於加盟店的增加，每店所分攤的平均促銷費用也降低，使連鎖企業的整體促銷費用也相應降低。

⑸連鎖總部有權提出一些限制條件；有權制定統一的價格政策、確定建議價格或限定最高價格，使加盟店在執行統一的價格政策基礎上能夠根據當地市場條件調整他們的價格，使價格更符合市場供給與需求；當被特許者出賣加盟店時，特許者有權購回分店和存貨。

⑹有權保管保證金。所謂保證金是指為了使加盟店更好的履行所簽的各項合約，而要求加盟店繳納的資金。連鎖總部可以代為保管這部份保證金，若加盟店履行了各項合約，則這部份保證金要全部歸還。

⑺加盟店違反特許經營合約規定，侵犯(損害)總部合法權益，有破壞特許體系的行為，特許者有權根據特許合約終止被特許者的特許經營資格。

2.連鎖總部的義務

特許連鎖總部的義務主要包括以下一些：

⑴人力資源規劃。主要包括：加盟店所需的人力資源規劃運

作，如甄選、招聘、工作時間的控制、薪資標準、辭退、福利和人力資源的監督管理等，都應該由連鎖總部來制定相關運作標準。

⑵必須將商標、服務標誌、經營理念、生產加工技術、經營訣竅、管理技術等特許權授予加盟店使用，並對上述內容做出明確規定，履行承諾。

⑶為加盟店進行人員培訓。主要包括：為加盟店員工培訓有關的管理理念、經營技巧和特殊的管理知識，為加盟店的新進員工進行職前培訓、技能訓練，為加盟店提供各種其他的培訓等。

⑷為加盟店提供廣告策劃和促銷服務。一方面使加盟店享有特許者的廣告宣傳，另一方面也使特許經營體系在統一的企業形象中運作。

⑸為加盟店進行陳設規劃。主要是有關加盟店設備的陳放、商品的陳列、海報、招牌等的規劃，應在加盟店開張前對加盟店進行輔導。

⑹編寫企業營運手冊，並提供給加盟店，以確保企業規範運作和有序發展。

⑺對商號、商標進行保護，若出現在被特許者的商圈內盜用特許者商標進行經營活動的情況，特許者有義務對此行為進行制止。

⑻財務報表的審核，連鎖總部應對各加盟店的財務報表進行統一的規劃，並定期對其審核，同時要接受加盟店在財務管理方面的各種諮詢。

⑼對加盟店的市場調查、價格制定等工作提供幫助，必要時要代替連鎖加盟店進行調查和市場分析等方面的工作。另一方面，連鎖總部要幫助加盟店進行價格的制定。

⑽提供各種設備和有關的培訓。連鎖總部要為加盟店提供各種必要的設備，同時要提供有關的設備須知、使用培訓、操作保養等，連鎖總部還要負責與生產廠商交涉的工作。

二、加盟店的權利和義務

1. 加盟店的權利

在特許連鎖加盟體系中，加盟店的權利主要有以下一些：

在短時間內成為知名商店。加盟店加盟了連鎖系統後，可以在很短的時間內便成為知名連鎖系統中的一員，很快提高加盟店的知名度。

使用特許者授權的商標、商號及特許者提供的經營技術和商業秘密。

享用成功的經營經驗，加盟店在加盟連鎖系統後，對於連鎖系統已形成的完整的運作標準和管理經驗，都可以直接利用。

獲得特許者所提供的培訓和指導。

減少進入行業障礙。連鎖系統已經對消費者進行了詳細的調查，在何地開店，如何開店以及如何管理等都具備了一定的經驗，加盟該系統便可以很容易的跨越行業障礙。

在合約約定的範圍內行使特許者所賦予的權利，以及獨立處理合約約定以外事項的權利。

降低運營成本。由於連鎖總部整體的採購、議價、物流配送和促銷等，加盟店的運營成本可以大大的降低。

享受連鎖總部的各種援助，如提供新技術、新商品、新信息、

新管理模式，並可以在總部的試驗後採用，降低了加盟店的風險。

2.加盟店的義務

在享受權利的同時，加盟店還要承擔以下義務：

按時交納加盟費、履約保證金和其他一些必要費用。

配合總部進行人力資源規劃。推薦有關人員參加總部培訓，其費用由加盟店承擔，遵守總部的各項人力資源管理規則。

依照總部的規劃進行店內陳列佈置。如加盟店主有異議，可以向總部提出，經總部研究批准後進行適當調整。

接受特許者的指導和監督，妥善保存經營業務記錄，以備特許者核查。

確保《營運手冊》及其他商業資料不會流失、不被盜用，保守商業機密，並要維護特許經營業務的良好聲譽。即使在退出連鎖加盟系統後，在一定時間內也要保守商業機密。

遵守總部在合約內各項管理制度。依據規定時間營業，不得擅自更改。加盟店要參加連鎖體系要求參加的各種會議。

實行統一的服務和商品價格。加盟店要依照總部制定的服務和商品價格進行營業，未經總部同意，不能擅自進行打折。

進行統一促銷活動。加盟店要參與總部的促銷活動、企業形象廣告宣傳活動等，並要分攤部份費用。

填好各種財務報表。加盟店須在每日營業結束後進行結賬，填好各種財務報表，並要進行財務報表分析。

配合總部進行盤點作業。總部一般會定期對加盟店進行盤點，加盟店必須配合，而不能加以拒絕。

三、加盟契約簽定中的基本要素

在簽訂加盟合約時，對各種權利和義務要明確進行規定，而不能草草了事，要逐字逐句的進行推敲，以免造成不必要的糾紛。一般比較注重情面，往往在簽訂合約時比較隨便，到後來，反而帶來許多麻煩，甚至造成重大損失。

在簽訂有關加盟合約時，其內容主要有兩大部份：一部份是管理規章，另一部份是加盟契約書，因此要注意到以下一些事項。

1. 管理規章部份

是否說明清楚了公司和特許加盟契約中名詞定義，人力資源規劃、培訓、行銷規劃、會計處理、裝潢設計和形象管理等方面是否闡述清楚。

2. 特許加盟契約部份

⑴商標、商號以及企業識別系統等的使用規定，在特許契約中，對商標與商店名稱、連鎖企業的整體識別系統及特許使用範圍等都要說明清楚，以免誤會。

⑵開店地點和商圈的範圍。要清楚所授權經營的明確所在地及明確的營業區域範圍。

⑶合約的期限、更新、解除等事項，約定契約的終止日期、合約的有效期，以及合約的更改、延續等。

⑷店面的外觀、內部裝修等事項，主要有裝潢、內部設計、陳列的佈置規劃等事項。

⑸設備投資、器材、各種軟體的提供，有關雙方的投資項目，

要說明清楚。

⑹加盟權利金、履約保證金和其他費用,同時還需言明合約終止時各項款項的處置方式。

⑺總部對加盟店資金、金融信用等方面的支援。總部可以向加盟店提供必要的資金、金融等方面的支援並提出相應條件。

⑻有關培訓方面的事項,要說明具體費用分擔,說明清楚如何執行員工培訓,如何規劃。

⑼廣告、宣傳與促銷活動、企業形象活動等的執行和費用分擔,具體如何規劃和執行,費用由誰來承擔,比例是多少。

⑽日常事務、會計代理、援助等方面的規定。主要有如何處理有關財務、稅務等方面的問題,費用如何承擔。

⑾特許經營規範手冊,要詳細說明具體的內容,如加盟店的管理和員工作業規範等。

⑿有關經營管理的規章法令,如本行業的經營運作規範,須遵守的有關法令等。

⒀加盟店經營商品和服務的內容和品種,有關商品採購、配送管道,以及具體價格標準,此外還有總部在商品管理中提供的其他服務。

⒁總部禁止和允許加盟店所經營的有關兼營其他商品和服務項目。要詳細說明在特許合約有效期和終止後,對加盟店所經營項目的限制。

⒂授權權利的轉讓等有關規定。要詳細說明特許轉讓的具體條件和程序。

⒃商圈保護,在加盟店附近某個特定區域內不會有第二家分

店。

(17)加盟店應該保守的商業機密的內容。主要是有關連鎖系統的機密內容，所包括的範圍和保守商業機密期限。

(18)有關加盟店在商品採購、物流配送、商品核對總和退貨等方面的費用分擔。

(19)限制競爭條款，特許者要求加盟者不同時擁有競爭對手的特許經營權。

(20)會計期間的制定、對各項往來賬目的查核、費用繳納日期等。

(21)對違約的處理，有關本合約的權利和義務，如雙方中某方違約的具體處理程序。

(22)合約的終止處理程序。

心得欄 _____

_____

_____

_____

_____

_____

5 連鎖業的經營效益分析

一、連鎖加盟的獲利來源

1. 有形收益

有形收益是指可以透過確切數位或其他方式統計的利益，也就是透過加盟連鎖體系可以獲得的有形好處。

(1)毛利率增加

若連鎖加盟店的價格固定，只要進貨的成本不斷降低，毛利率就會增加。

由於連鎖系統的規模比較大，採購量也非常大，流通成本相應變低，供應商也願意降低所供應商品的價格，連鎖店自然可以獲得較低的進貨成本，從而使毛利率得到增加。

另一方面，連鎖加盟體系一般都有強大的物流配送體系，其運作效率比較高，商品配送一般也比較及時，可以降低連鎖加盟店庫存成本，同時導致毛利率增加。

(2)促進商品銷售

連鎖系統有專業的促銷活動、企業形象廣告活動策劃人員，有較豐富的經驗，更容易吸引顧客來店裏消費，營業額自然也隨著上升。

(3)投資成本減少

店鋪經營必定要投資一定資本，由於有總部支持，在加盟店進行裝潢、採購和其他業務活動時，可以利用連鎖總部的經驗和規模效應，既可以保證品質，又能降低價格，減少投資成本。如加盟店裝潢，一般是由總部統一規劃，由於施工單位一般是與連鎖總部熟悉的企業，自然可以獲得優惠的價格。成本減少，就是獲得收益，節省 10 元的成本，就是獲得 10 元的收益。

(4)減少對設備的投資

服飾店需要各種設備，特別是信息管理設備是必不可少的，如果單獨一個店鋪的話，要建立這些系統，其費用很高。但透過加盟連鎖系統，可以多個加盟店共享資源，共同承擔，這樣投資相關設備的費用就降低了。

(5)減少研究開發費用和促銷費用

一般連鎖系統的研究開發都是由連鎖總部來負責，連鎖加盟店就可以降低在開發、市場調查等方面的開支，在進行促銷時，由整個連鎖系統統一進行，所以各個加盟店所分擔的費用大為降低。

2.無形收益

無形收益是指不能透過確切的數據和數學統計方法計算出來的收益，主要體現在管理優化、形象改善等方面。

(1)在開店時獲得幫助

①地點的選擇。萬事開頭難，服飾銷售是一種與地點緊密相關的行業，地點的選擇非常重要。而這又是非常複雜的過程，它涉及到商圈的範圍、發展的潛力、市場規模的估算、人流的路線、競爭店的狀況等，都需要有規範的調查和分析。而連鎖總部在開店方面

有非常好的經驗，可以對加盟店進行幫助。

②商場規劃。良好的商場規劃能吸引更多顧客來消費。連鎖總部由於進行過很多加盟店的商場規劃，有豐富的經驗，因而能幫助加盟店創造良好的銷售氣氛、整齊的商品陳列、協調的購物環境，從而增加更多的銷售機會。

(2)人員培訓

良好的人力資源，是企業第一資源。對於連鎖加盟店員工，總部能根據不同的工作類別，分別進行培訓，而且能在總部的樣板店中讓這些員工有良好的實習機會，到培訓結束後，這些員工就能熟練地為顧客服務。每一個連鎖系統都有自己的人才培訓秘訣，這是連鎖總部在長時間的實踐中摸索出來的，加盟這個系統後，便有機會來分享這些經驗。

(3)商品規劃

商品管理是服飾店重要的管理工作，服飾商品換季頻繁，規格尺碼繁多，連鎖總部通常有專門的商品管理部門借助現代化工具和專業知識進行商品管理工作，這樣就大大減輕了加盟店的商品管理工作。

(4)經營管理輔導

加盟店在開張後，有可能會遇到各種問題，特別是對於管理經驗不足的加盟店主，往往會不知所措。總部有專門的督導人員，透過這些督導人員來對加盟店進行幫助，並輔導經營管理人員。這些督導人員在各個加盟店間巡視，有著豐富的管理經驗，發現問題，能及時幫助解決。

⑸獲得更多的信息

現在是信息時代，像店鋪的經營信息、消費者的信息、管理的信息、市場的信息等對加盟店來說都是必不可少的，獨立的店鋪要搜集和分析這些信息是非常困難、甚至是不可能的。連鎖總部有著完善的信息管理系統，能較快的獲得這方面的信息，並對其進行分析，像市場的變動、政府政策的改變、消費者的特點等，都能較快的獲得，提供給加盟店管理者進行參考。

⑹獲得供應商信任

獨立店在進貨時，供應商一般要求其以現金支付，主要是供應商不太信任獨立店，若加盟了連鎖系統，便是一個大企業的成員，因而供應商也增加了信任，不但可以在支付方式上有所鬆動，而且在品質和數量上也能得到保證。

⑺提高金融信用度

連鎖加盟店更容易得到金融機構的信任，因而也更容易獲得金融支持，這是獨立店無法相比的。

以上可以看到，對於資本、管理經驗和人力資源方面實力都不強的投資者來說，加盟連鎖系統是一種很好的選擇。

二、連鎖總部的獲利來源

1. 直接獲得的有形收益

它主要包括以下幾個部份：

⑴被特許者加盟時向特許者交納的加盟金

加盟店可以使用連鎖總部的商標和名稱，以及獲利總部的有關

的幫助,因此要繳納一定的費用,一般是在剛剛加盟時繳納,具體的數目因不同的連鎖加盟系統而不同。

(2)特許權使用費

按一定比例或定額從加盟店營業額中提取的特許權使用費(這部份費用也被叫做管理費、提成費等),一般是按營業額的百分比來收取。

(3)保證金

在加盟連鎖系統時,一般要繳納一定的保證金。保證金通常是以現金、支票、銀行存款或不動產來抵押的,在契約期滿後,要歸還給加盟店主。

(4)對加盟店實行配送、培訓時收取一定數額的利潤或費用。

(5)商務費用

指連鎖總部在與連鎖加盟店進行廣告、促銷等活動時收取費用。特許經營公司的主要獲利點是按一定比例或定額從特許店營業額中提取的特許權使用費。

2.間接獲利的有形收益

主要包括以下幾個部份:

(1)總部營業毛利的增加

隨著連鎖系統加盟者不斷增加,連鎖系統的規模也不斷擴大,從而使總部的毛利率不斷增加。一方面增強了與供應商的議價能力,從而可以使商品的平均成本進一步降低;另一方面,規模變大後,可以吸引更多的顧客來消費,提高了與競爭者的價格競爭力,從而使連鎖企業的毛利得到增加。

同時，連鎖規模的擴大，帶動連鎖加盟店的毛利得到增加，使總部每月從加盟店收取的特許使用費也同步增加。

(2)營業額得到增加

連鎖系統本身的規模不斷擴大，競爭力就更強，從而會吸引更多顧客來消費，連鎖企業能有更多資金來做好各項工作，又使服務更加完善，企業的營業額(包括連鎖企業直營連鎖和特許連鎖店)就不斷的增加。

另外，加盟店規模的擴大，帶動加盟店營業額不斷增加，從而需要總部採購的商品也不斷增加，總部的物流企業從而得到不斷的發展，營業額也增加。

3.連鎖總部的無形收益

無形收益是指不能透過確切的資料和數學統計方法計算出來的收益，主要體現在形象的提高、信用的增強等方面。

(1)整體整合效益增強

①增強總部的物流流通能力，當連鎖加盟系統的規模比較大時，連鎖總部就可以建立自有的物流流通體系；否則，若沒有一個完善的物流流通體系，很容易受別人的控制，很難制定適合自身發展的遠景規劃。另一方面，規模的擴大，可使物流流通成本不斷降低。

②總部經營業績的提高，規模的擴大，使連鎖企業的影響不斷增強，從而使連鎖企業的各項資源相應的得到豐富，帶動經營業績的不斷提高。

(2)形象提高

每一家加盟店都要與顧客接觸，加盟店越多，所接觸的顧客就

越多,從而顧客對連鎖加盟系統的瞭解也越多,在顧客腦海中留下的印象就越深。又因為連鎖加盟系統採用統一的商標和名稱,更容易在顧客心中建立統一的形象,增強顧客對企業的依賴。

(3)信用度增加

加盟店數目增加,連鎖企業規模擴大,可以使連鎖企業的信用得到增強。增強銀行金融機構、投資者、普通股民對連鎖企業的依賴,從而更願意對其進行投資。

(4)風險分散

小規模的經營連鎖系統,往往容易造成少數連鎖店的失敗,使全盤失敗。當加盟店的數目增加時,風險便降低了,連鎖店系統不會因某一加盟店的失敗而大傷元氣。

6 連鎖經營的優勢

在流通領域,連鎖經營將分散理財的零售網點組織起來,形成具有足夠規模的企業。科學的制度安排,有利於降低交易費用,能使連鎖企業與上游企業及下游顧客形成長期的信任合作關係,有利於連鎖企業獲得良好的發展。不同類型的連鎖經營有著不同的制度安排,體現著各自不同的制度優勢。

在決定採用那一種連鎖模式之前,最好先對幾種常見連鎖模式的優點和缺點有深入的瞭解。按照標準分類方法,有直營連鎖、特

許連鎖和自由連鎖三種連鎖形式，其中直營連鎖、特許連鎖最常見，兩者分別有自己的特點以及優缺點。

直營連鎖、特許連鎖、自由連鎖三種連鎖之間的異同，在不同方面有不同的差異。

表 6-1　直營連鎖、特許連鎖、自由連鎖的異同點

經營方式　　　項目	直營連鎖（正規連鎖）	特許連鎖	自由連鎖（自願連鎖）
總部與加盟店的資本所屬	同一資本	不同資本	不同資本
總部資金構成	企業總部自身所有	加盟店持有一定股份	全部由加盟店出資
總部與加盟店的資本所屬	同一資本	不同資本	不同資本
加盟店與總部關係	屬企業內部管理的上下級關係	總部對加盟店具有較大影響力	加盟店對總部具有較大影響力
總部對加盟店的人事權和直接經營權	有	無	無
加盟店自主性	小	小	大
加盟店上總部指導費	──	5%以上特許費	自由連鎖管理費
分店間聯繫	同隸屬於企業總部	無橫向聯繫	有橫向聯繫
總部與加盟店的合約約束力	視公司規章而定	強硬	鬆散
合約規定的加盟時間	──	多為 5 年以上	以 1 年為單位
總部機構人員	企業職工	專業人士	加盟店參與或委託代理

1. 直營連鎖的制度優勢

⑴規模優勢。在直營連鎖的經營方式下，總部對同屬於某個資本的多個店鋪實行高度統一的經營，總部對各店鋪擁有全部所有權和經營權，包括對人、財、物及商流、物流、信息流等方面實行統一管理。這種制度安排有利於集中力量辦事，可以統一資金調運，統一人事管理，統一經營戰略，統一採購、計劃、廣告等業務以及統一開發和運用整體性事業，以大規模的資本力同金融界、生產部門打交道；在培養和使用人才、運用新技術開發和推廣產品、實現信息和管理的現代化等方面，也可充分發揮連鎖經營的規模優勢。

⑵經濟優勢。功能集中化體現了直營連鎖的經營經濟優勢。如利用總部統一集中大批量進貨，容易開發穩定的供貨管道和獲得折扣，以達到減少管理費用、降低經營成本、比較低價格出售商品的目的，而這是獨立零售店所不具備的優勢。

⑶技術優勢。在各個零售連鎖店工作的從業人員，雖然人數少且不一定都很專業，但因有總部的 Know-how 直接指導和援助，仍然可使連鎖店獲得預期成果。

2. 特許連鎖的制度優勢

特許經營的核心是特許權轉讓，透過總部與加盟店一對一地簽訂特許合約，總部在教給加盟店完成事業所必需的所有信息、知識技術的同時，還要將店名、商號、商標、服務標記等在一定區域內的壟斷使用權授予加盟店，並允許其在開店後繼續經營。所以，特許經營的制度優勢主要表現在其對連鎖體系中經營者(盟主)、加盟者、消費者三方的好處上。

(1)特許連鎖經營對盟主的好處

第一，盟主既節省了資金，也獲得了擴大市場的機會，能夠提高其知名度，加速連鎖事業的發展；

第二，盟主開展新業務時，有合夥人共同分擔商業風險，能夠大大降低經營風險；

第三，加盟店是盟主穩定的商品流通管道，有利於鞏固和擴大商品銷售網路；

第四，盟主可根據加盟店的營業狀況、總部體制和環境條件的變化調整加盟店數量和佈局策略，掌握連鎖經營的主動權；

第五，統一加盟店的店面設計、店員服裝、商品陳列等，能夠形成強大而有魅力的統一形象，有助於企業品牌的塑造。

(2)特許連鎖經營對加盟店的好處

第一，沒有經驗的創業者也能經營商店，可以減少失敗的危險性；

第二，能借用連鎖總部的促銷策略；

第三，用較少的資本就能開展創業活動；

第四，能進行高效率的經營，能夠受到總店的參謀指導，可以持續地擴大和發展事業；

第五，能穩定地銷售物美價廉的商品，並能夠專心致力於銷售活動；

第六，能夠適應市場變化。

(3)特許連鎖經營對消費者的好處

第一，標準化的經營使消費者在任何一個加盟店都能享受到標準化的優質商品和服務；

第二，加盟店透過擴大規模、簡化環節，降低了銷售費用，使消費者能享受到物美價廉的商品和服務。

3.自由連鎖的制度優勢

自由連鎖是在保留單個資本的所有權的基礎上實行的聯合，各分店都獨立核算、自負盈虧、人事自立，總部對各分店的管理功能較弱，側重於指導和服務功能。自由連鎖的優勢體現在以下幾個方面：

(1)靈活性。在自由連鎖的經營方式下，各分店有較大的獨立性，因此靈活度較高，能充分激發經營者的積極性，迅速跟蹤市場行情作出及時有效的調整。

(2)學習性。自由連鎖各分店具有橫向聯繫，有利於相互學習、共同發展。

(3)流通性。自由連鎖將兩個以上流通環節的職能互相結合，能夠實現流通的「縱向組合」並發揮出更高的效能。例如，自由連鎖可以在批發和零售職能相結合的基礎上，引入設計、加工的職能，從而提高商品的附加值。

(4)獲利性。自由連鎖總部是由加盟店集資組成的，所以加盟店可以得到總部利潤中作為戰略性投資的、持續性的利潤返還。

7 亞馬遜公司收購 Zappos 案例

2009 年 7 月 23 日，亞馬遜(NASDQA：AMZN)宣佈收購美國最大的在線鞋類零售網站 Zappos，亞馬遜的支付方式為價值 8.07 億美元的亞馬遜普通股，外加 4000 萬美元的現金和限制股，共計 8.47 億美元。這無異於給國內略顯萎靡的 Internet 行業，尤其是 B2C 這個領域打了一針興奮劑，Internet 行業的創業者和關注 Internet 投資的 VC 們，一時歡呼雀躍，似乎希望就在前方。

Zappos 創立於 1999 年，位於美國內華達州漢德森市，目前是全球最大的鞋類在線銷售(B2C)網站。公司 CEO 謝家華(Tony Hsieh)的背景也可謂輝煌，他在 1996 年年初放棄了 Oracle 程序員工作，以 2 萬美元的本錢在一套 2 居室的公寓裏開始創業做 Link Exchange。1997 年 5 月，他獲得紅杉資本(Sequoia Capital)的 300 萬美元投資，1998 年 11 月微軟宣佈以價值 2.65 億美元的股票收購 Link Exchange。此後，24 歲的謝家華成為了一名天使投資人，並在 1999 年的時候認識了一個比自己更年輕的創業者——尼克·斯威姆(Nick Swinmurn)。

斯威姆開了一個賣鞋的網店 ShoeSite，謝家華覺得創意很棒，就投資了 50 萬美元，並把網站的名字改為 Zappos。6 個月之後，謝家華也進入公司跟斯威姆一起經營，並在 2000 年正式

成為 Zappos 的 CEO。謝家華後來陸續以個人身份和通過自己
控制的創投青蛙公司(Venture Frogs)向 Zappos 追加投資超過
1000 萬美元,並引入紅杉資本約 4400 萬美元的投資。Zappos
的成功出售,其創業者和投資 Zappos 的 VC 都借此賺得盆滿缽
滿。

一、創始人最終不一定能掌控公司

對於 Zappos 被收購事件,幾乎所有的媒體都是在大肆報導
謝家華的成功創業史和交易的金額,有幾個人還記得這家公司
的真正創始人是一個叫做尼克·斯威姆的年輕人,Zappos 的前
身是 ShoeSite,而 ShoeSite 的創造者的第一個員工是斯威姆?
可憐的斯威姆,好比他自己生下的孩子,養了 3 個月後家裏來
了個厲害的保姆,保姆覺得孩子名字太土了,改掉!後來在保
姆的精心護理下,這個孩子出息了、出名了,結果大家都把這
個孩子的保姆當作他的父母,不知道他真的父母為何人。

Zappos 的融資經過很多輪,包括天使投資和六輪 VC 投資
(A、B、C、D、E、F 輪),最後斯威姆手中剩餘的股份比例已
經是個位數了。這是很多創業者需要牢記於心的,要想尋求 VC
的資金來發展公司,都要承受每一輪稀釋掉 20%～30% 的股
份。即便一開始拿著 100% 的股份,也只需要兩三輪就被稀釋
到 50% 以下。

另外,由天使投資人謝家華擔任 Zappos 的 CEO,而不是
創始人斯威姆,這可能有多方面的原因:

⑴斯威姆自己感覺能力不行，主動讓賢。

⑵謝家華認為斯威姆能力不夠，強迫其讓位。

　　不管怎麼說，看起來似乎謝家華無論在公司運營能力、對資本的吸引力、長遠發展眼光等方面，更適合做公司 CEO，但前提是斯威姆一開始就要能明白和接受這一點。

　　很多成功創業者出身的天使投資人，對企業都會給予很大的幫助，有時候他們甚至會挽起袖子自己親自幹。VC 公司裏也通常有一個職位叫做「創業合夥人」，他們基本都是創業者出身，一旦看到好項目，在 VC 投資之後，他們就會加入公司。這些人一旦進入公司，很有可能就會逐步取代創始人的地位。

二、併購是消滅競爭對手的一個手段

　　Zappos 做得風生水起，作為 B2C 行業老大的亞馬遜當然坐不住了。面對網上銷售鞋類產品這個巨大市場，為了與 Zappos 競爭，亞馬遜曾在 2007 年推出一個獨立的網站「Endless.com」，專門在線銷售鞋類和手提包，但是根本無法跟 Zappos 相提並論，就拿 2009 年 6 月來說，Zappos 的訪問人數達 450 萬人次，而「Endless.com」僅 77.7 萬人次。另外，亞馬遜也在自己的主網站上銷售鞋類，但是這跟 Zappos 的差距就更大了。

　　那亞馬遜該怎麼辦？亞馬遜與其花錢、組織團隊去跟 Zappos 搶客戶，還不如直接把 Zappos 買斷，這樣付出的代價說不定更小，還能為公司提供新的利潤增長點，並且有利於股價上升。最重要的是，公司短時間之內，不必投入資金和人力到鞋類產品的銷售上，

原來最大的競爭對手倒戈了！

　　儘管根據 Zappos 和亞馬遜的交易協定，Zappos 的要求全部得到了滿足，Zappos 將繼續保持獨立品牌並獨立運營，並且所有管理層和原員工維持不變，但誰知道以後會怎麼樣呢。

　　財大氣粗的上市公司可以拿大錢消滅競爭對手，其實創業企業也可以拿小錢消滅競爭對手，但需要借助 VC 的手。有些 VC 如果對某個行業感興趣，但看不清那家公司最後能勝出、成為領先者，那他就可以同時投資幾家公司，但只集中精力扶持其中一家，而打壓、干擾其他幾家，甚至將其他幾家的商業機密透露給扶持的這家公司，最後只要剩下的這家公司發展起來成功了，其他幾家破產為的都可以當做成本，而 VC 就能把投資的錢全部賺回來。所以，創業者在接觸 VC 的時候，首先要看的，是他有沒有投資過你的競爭對手或潛在競爭對手，如果有，創業者最好要當心點。

三、VC 的目標跟創業者常常不一樣

　　專家認為把 Zappos 賣給亞馬遜，並不是謝家華想要的結果，他一直希望促成 Zappos 上市，而 Zappos 的投資人紅杉資本卻希望公司早日出售，以便儘快實現退出，換取現金。但謝家華出面闢謠說「紅杉資本強迫我們出售公司，這是不準確的，沒人被強迫這樣做。」「我們不再需要為運營一家上市公司而頭疼。」到底是怎樣的情況，我們可以簡單分析一下：

　　首先，受金融危機、經濟危機的影響，美國股市表現不佳，IPO 視窗也一度關閉，2008 年下半年及 2009 年上半年，VC 們最擔心

的是所投資的企業能否成功退出。將 Zappos 出售給亞馬遜，並且以換股的方式進行交易，對於紅杉來說應該是不錯的選擇，相當於間接上市。

通過查詢亞馬遜就收購 Zappos 給 SEC 的 S-4 申報文件，以及一些內幕人士的披露，得知紅杉的 4400 萬美元是在 E 輪和 F 輪以優先股的方式投資的。由於當時 Zappos 的估值很高，作為補償，紅杉獲得了不錯的優先清算倍數，分別是 4 倍和 2.738 倍。也許是謝家華認為 Zappos 上市是遲早的事，通過高估值的手段儘量少稀釋一點股份，公司只要上市了，就不會觸發投資人的優先清算權利，所以優先清算倍數是高是低都無所謂了。

按照紅杉的投資額和持有的股份比例，Zappos 被併購時，紅杉的優先清算額將超過 1.5 億美元。但如果紅杉將其所有優先股都轉換成普通股，按比例分配 8.47 億美元的併購總額的話，只能得到不足 1.2 億美元。所以，只有當併購交易總金額超過 11 億美元的時候，紅杉轉換成普通股才是有意義的。據 S-4 申報材料中披露的摩根士丹利對 Zappos 在公開市場的價值分析，摩根認為 Zappos 的價值為 6.5 億至 9.05 億美元之間。所以，很顯然紅杉沒有將其股份轉換成普通股，而是按照優先股股東的身份獲得優先清算額。

申報材料中披露的 Zappos 財務狀況，公司 2008 年的毛收入超過 10 億美元，淨收入 6.25 億美元(同比增長 21%)，未計利息、稅項及攤銷的利潤(EBITA)超過 4000 萬美元，淨利潤 1080 萬美元，而 2007 年淨利潤只有 180 萬美元，這樣良好的財務狀況，如果公司願意的話，其財力足以支撐到 IPO 市場轉暖。

另外，一開始亞馬遜提出的是「全現金」交易的方案，但是

Zappos 想要「全換股」交易的方案。很明顯，Zappos(包括管理團隊和 VC)認為基於亞馬遜股票的未來增長預期，全部以換股的方式支付的方案會更好。但亞馬遜也是這麼考慮的，所以希望以全部現金支付的方案。雙方經過幾個回合的磋商及亞馬遜做出極大讓步才達成「大部份股份、少量現金」的結果。

謝家華是一個超級成功的創業者，他的基金也有一些成功的投資案例，但是，如果紅杉想讓他在清算優先權和強迫出售問題上吃虧，那麼，作為初出茅廬的創業者，你怎麼能算計得過那些老練的VC？

創業者，在拿到 VC 的錢之前，你知道 VC 需要的是自己手裏股份的「流動性」而不是你的利益嗎？

四、財務顧問能起到推波助瀾的作用

Zappos 在亞馬遜的視野之內也不是一天兩天了，兩家公司早在 2005 年 8 月就曾有過一次高層的會談，包括雙方 CEO、紅杉首席合夥人邁克爾‧莫里茨(Michael Moritz)在內。後來不斷有高層的接觸，但直到 2008 年底雙方的關係才開始升溫。直到 2009 年 4 月，Zappos 聘請摩根士丹利作為財務顧問之後，雙方才迅速達成交易。其中的幾個重要時間段如下：

‧ Zappos 從創立到被併購：10 年。

‧ 紅杉第一次投資 Zappos 到退出：4 年 9 個月。

‧ 亞馬遜從接觸 Zappos 到收購完成：3 年 11 個月。

‧ 從聘請專業財務顧問到完成到宣佈併購完成：3 個月。

從上面來看，創業者能看出什麼名堂呢？

首先，創建一家偉大的公司不是一朝一夕的事，即便是像謝家華這樣的人，都需要十年功夫，而很多初出茅廬的創業者，動不動就喊出三四年上市、五六年做到行業第一之類的大話，這不但對你融資沒有任何幫助，反而會讓 VC 覺得你很幼稚。

其次，紅杉資本的退出花了 4 年多的時間，這對於壽命期為 10 年左右的 VC 來說，不算太短。對於創業者來說，如果你做不到在三五年之內讓公司上市或者被併購，就不要想著去找 VC 了，尤其對於那些已經募資完成好幾年的 VC，更不要打他們的主意，他們可沒有時間陪你玩，他們背後的出資人還在追著他們的屁股要投資回報呢！

第三，亞馬遜和 Zappos 相識很長時間，這可能是絕大部份大項目所面臨的情況。當創業者在評估退出可能性的時候，他們通常幻想著有一天會被那個天上掉下來的巨頭看上，扔過來一大堆鈔票，但實際上 99%的情況是，這個收購者是你已經早就熟識的某家公司。但由於創業者對資本運作的不熟悉、併購方對創業企業的審慎考察以及雙方在利益上看法的分歧等原因，導致雙方遲遲難以達成合作——直到有第三方的專業財務顧問的出現。Zappos 自己花了 3 年多跟亞馬遜談不攏，而在摩根士丹利進來之後，3 個月就完成談判！這就是第三方財務顧問的價值。謝家華也算是資本運作的高手了，紅杉資本更是高手中的高手，但還是需要借助摩根士丹利的手，才把這個交易迅速完成，這其中的奧秘，恐怕就是摩根士丹利生存的秘訣。

創業者，你在融資的時候，是願意自己單槍匹馬去找 VC 呢，

還是願意找個專業的財務顧問來幫你呢？

五、尋求顧問幫助

創業者如果不知道 VC 融資如何操作、不知道商業計劃書怎麼寫、不知道財務預測怎麼做甚至一個 VC 也不認識，那怎麼辦？找財務顧問來幫你。但是 VC 圈裏魚龍混雜，真真假假的 VC，真真假假的融資顧問，他們可能是你創業路上的好夥伴，也可能是在你最困難的時候在你背後捅你一刀的人。

創業者找到合適的 VC 是一個艱苦的過程，尋找風險投資人，並不是名氣大的就好，也不是資金最多的最好，最適合自己的才是最好的。而目前的現狀是，由於缺少管道和經驗，很多創業者在融資上，和社交圈子太小的適婚人士一樣，需要中間人介紹和協助才能提高找到伴侶的幾率，而一個專業的融資顧問是否能做到這一點，也需要企業和創業者的共同配合。

財務顧問或者融資顧問是比較專業、學術化的稱呼，如果被叫做「仲介」或者「中間人」就直白多了。融資顧問通常能夠做的事情包括協助創業者準備融資文件、推薦投資人、協助談判等，他們的職責就是盡力把創業者和 VC 撮合在一起。

簡單而言，仲介形式的融資顧問基本上有四種形態：

1. 是區域性的政府做的 VC 融資平台，政府給雙方提供信息。

2. 是顧問公司、會議公司的融資大會，讓創業者跟 VC 面對面接洽。

3. 是一些知名的財務顧問公司，主要專注於 VC 領域。他們有

很好的 VC 關係網絡和項目來源管道，還有專業的顧問服務團隊。

4. 是一些小型的、純粹的仲介公司和個人，他們有些 VC 關係，偶爾能幫助身邊的創業者介紹幾個 VC。

大量創業者盲目地找 VC，而 VC 們也在市場上爭搶好項目，這可讓仲介們忙碌起來了。國內有大量融資顧問，品質參差不齊。在一些風險投資大會裏，融資顧問的數量甚至比 VC 還要多。

如果創業者想找融資仲介幫你操作 VC 融資的事，最有效的還是找第三種：正規的財務顧問公司。那這些正規的財務顧問公司是什麼樣的呢？

首先，他們不是什麼項目都願意做，只有他們認定有可能成功融資的項目他們才會接手。另外，他們為一家小公司融資，要花的時間精力和為一個大項目融資不相上下，一樣花時間，不如一次多融點資金，這樣成功之後按比例的佣金提成會更多。所以，創業者要當心什麼項目都可做的融資顧問。

其次，他們跟 VC 一樣，不會要你出具任何評估報告之類，他們會對企業進行一些瞭解，然後協助你做融資材料，把你介紹給 VC，並跟你一起與 VC 見面，協助你走完融資的整個流程。那種只會讓你到各個指定的機構出具各種報告，寫各種材料的融資顧問要當心。

第三，真正的融資顧問一般會預先收取一定的前期費用，作為項目的啟動資金，大部份的費用是在為項目成功融資之後，按照融資額的一定比例收取的佣金。通常的比例為 5%左右，按照融資額度會有所不同。創業者可能是看過太多企業上當受騙的案例，或者是企業真的太缺錢了，很多創業者是不願意掏前期費用給融資顧問

的。

其實，對於融資顧問來說，收取前期費用也有其合理性，甚至有利於企業的融資，而很多騙子仲介一開始也可能不收費，但一步一步讓你往「第三方」機構那裏交各種費用，最後讓創業者損失慘重。

如果你自己去做融資，會花費更多的成本，尤其是時間成本，創業者不如把這些時間花在產品開發和市場上。

融資顧問與你交流及提供融資服務的過程中，也給你提供了許多有關技術、管理、市場方面的意見，相當於企業管理諮詢。

融資顧問也有機會成本。如果創業者沒有支付前期費用，融資顧問在服務過程中，可能會有所取捨，尤其是融資顧問手頭同時有多個項目時。

另外，如果企業不願意簽署獨家服務協定，同時找多家融資顧問為他服務時，情況更是如此。融資顧問為了避免自己最後會產生糾紛，導致無法保證利益，所以融資顧問不會花最大的精力在這個項目上，最後可能會影響企業的融資結果。

企業也需要承擔融資成本。由於融資過程通常比較長，順利的話也需要三五個月的週期，如果沒有前期費用，創業者在遇到挫折的時候，會懈怠，不願意配合融資顧問的工作，甚至直接放棄融資。如果有了前期費用支出，創業者在配合融資顧問工作這方面會做得好很多，融資過程也會順利很多。

融資顧問能夠做的，會在融資顧問協議上寫得很清楚，但他並不保證一定可以為你融資成功。因為融資成功與太多的因素有關，許多事情不是只通過融資顧問的努力就能夠解決的。

8 企業各階段生命週期的融資

一、連鎖業籌資對企業經營的重要性

連鎖業如何利用不同管道籌集資金，其籌資成本會有差異嗎？選擇那種籌資方式最合適？企業面臨的籌資困境有那些？如何走出企業籌資的困境？籌資對企業經營的作用是不容忽視的：

1.彌補企業日常經營的資金缺口

管理者都知道，並不是企業要投資、要擴展時才需要資金，日常經營經常會出現資金缺口。比如與農產品打交道的企業，收穫季節到了，需準備一大筆資金收購農產品，再製成商品售出；如果企業應收賬款過多，而手頭資金短缺，企業也會選擇短期融資。

2.為企業的投資提供保障

要投資，就需要資金，當然也可以用設備、土地、無形資產投資，但大多數情況下，對資金的需要是直接的，但是錢從那裏來呢？要知道「巧婦難為無米之炊」，要想做好投資，就要先學會籌資。

3.企業發展壯大的需要

企業要進軍市場，要經營房地產，做多元化經營，要與對手拼個死活，要向國際市場進軍，那一條不需要巨額資金支援呢？想一想彩電、微波爐之戰，那一個戰役不是以鉅資為支撐，一旦一個企業耗不下去了，資金不足了，市場也將向它關閉。這就是現代商業

經營殘酷的現實，因此，無論是中小型企業還是大型企業集團，想要在市場中生存，想要將企業不斷發展壯大，必須有「夠用的資金」，籌資也是一門必要的學問，值得好好研究。

二、各階段的不同做法

天使投資與風險投資在企業生命週期各個階段中的位置可用圖 8-1 表示。

圖 8-1　企業生命週期與天使投資

種子期　創始期　擴張期　成熟期　穩定期

3F、天使投資、
孵化器、政府支持
　　　　　　　　　　　　　　　　　　高風險
　　　　　　　　　　　　　　　　　　高預期收益

天使投資
風險投資

風險投資
非公開權益資本投資
　　　　　　　　　　　　　　　　　　中風險
　　　　　　　　　　　　　　　　　　中預期收益

銀行貸款
非公開權益資本

　　　　　　　　　　　　　　　　　　低風險
資本市場　　　　　　　　　　　　　　低預期收益

在種子期，企業家的資金來源往往是他們自己，他們的家人和親戚，他們的朋友，即所謂的 3F。此外，他們也尋求天使投資的幫助。如果企業是國家大力扶持的高科技企業，國家會給予一定的資金援助。科技孵化器也是企業種子期的重要資金來源之一，這些科技孵化器是由政府、大專院校或其他非營利組織所資助的，它們通

過為創業企業提供廉價辦公室、各種專業服務，間接地幫助創業企業解決部份資金困難問題。有的科技孵化器也直接為創業企業提供小額運營資金。

在創始期，企業需要更多的資金以應付日益增長的資金需求。它們如果具有發展潛力，能夠在相對短的時間內迅速成長。如果它們是具有良好市場前景的企業，尤其是高科技企業，它們可以尋求風險投資。當然，這個階段天使投資也是企業家可選擇的資金來源。

在企業的發展期或擴張期，具有一定市場發展潛力的，又具有強有力的管理團隊的企業，有望獲取風險投資；即使是傳統產業，只要具有穩定的巨大的市場，企業也有可能獲取風險投資或其他 PE 資本，即非公開權益資本(也譯為私人權益資本)的投資。

在企業發展的成熟期，其本身實現正現金流所需資本大多是短期流動資金，這時企業往往可以從商業銀行獲取銀行貸款。如果企業由於種種原因，需要中長期資金支援，他們又可以通過非公開權益資本以獲取股本資金。

企業發展到穩定期，就可以考慮上市，從資本市場融資。

從企業的生命週期及其融資模式的選擇，可以看到天使投資存在於種子期和創始期，而風險投資則活躍於創始期和擴張期。天使投資是連接 3F 和風險投資之間的橋樑，它填補了創業企業在 3F 與風險投資之間的資本需求的空白。隨著風險投資越來越轉向中晚期投資，這個空白就越來越大，而天使投資的作用也隨之越來越顯著。這就是為什麼天使投資在世界各地如雨後春筍，不斷壯大。天使投資的蓬勃發展在 21 世紀尤為明顯。

天使投資在企業成長過程中扮演了一個重要的角色。沒有種

子，就沒有生命；沒有創立，就沒有發展；沒有小企業，就沒有大企業；沒有失敗，就沒有成功。企業生命週期的早期，即種子期和創始期是企業生命最為脆弱的時期。這個時期也正是天使投資發揮其重大作用的時期。天使投資家往往在企業生死存亡的關鍵時刻起著雪中送炭的作用。天使投資與風險投資的共性可以總結如下：

1. 二者都是對於創業企業的股權投資，天使投資雖然也做些與股權投資相聯繫的債權投資，或信用擔保，但以股權投資為主。

2. 二者都具有「高風險、高潛在收益」的特徵。

3. 二者都投資於快速增長的、具有巨大發展潛力的創業企業。「高增長」是他們選擇投資對象的主要目標。此外，管理團隊、市場、產品/服務、專利等知識產權的持有等因素也是投資目標的重要依據。

4. 二者都在一定程度上參與被投企業的管理與建設。

5. 二者都採取一定形式的聯合投資模式，以期減少投資風險。

6. 二者都在一定程度上是放眼長期的耐心資本，雖然在目前，風險投資越來越趨向於投資於創業企業的後期。

9 不同企業要採用不同的融資模式

　　一般地，企業在初創期大都屬於中小企業，更確切地說，屬於小企業。企業從出生，到成長，到成熟，到穩定，以至到衰老，需要經過一個較長的時間。在種子期、創始期的企業屬於創業企業，這些創業企業大都是小企業，它們都經歷了成長、成熟，到穩定的過程，但它們最終將分化：一些企業會成長為大型企業，一些企業會成為中型企業，而另一些企業則永遠保持小企業的形態，當然，還有相當一些企業會夭折。

一、創業企業與中小企業

　　任何大型企業都是從創業企業開始的，所謂「千里之行始於足下」，微軟、谷歌、英代爾等大型企業都是從創業企業開始的。然而，並不是每一個創業企業都會成為大型企業。一方面，企業所從事的行業、經營的性質、從業的環境往往限定它們未來的規模，規定了它們是否可以成長壯大的路徑。此外它們是否願意成為大企業的主觀意願也起到重要作用。

　　另一方面，即使創業企業主觀意願上希望能夠成長壯大，但它們自身的條件，它們的經營理念、管理團隊、戰略方針等又制約它們的發展。例如，街頭巷尾的小商小販可能很難成長為大型企業。

還有些企業則因為業務性質，願意保持小企業的模式。如果我們以企業的員工人數來界定企業的規模，那麼，風險投資公司，或風險投資有限合夥制大都是小企業。美國目前只有不到 700 家風險投資公司，風險投資家不足 3000 人。從這個意義上說，美國的風險投資公司都是小企業。當然，從風險投資公司所運作的資本額看，它們的可動用資本又比普通大型企業還豐富。創業企業和中小企業的關係可由圖 9-2 解釋。

圖 9-1　創業企業到成熟企業

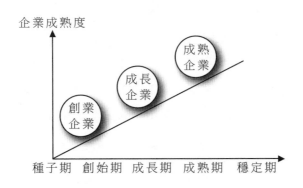

圖 9-2　創業企業和中小企業的關係

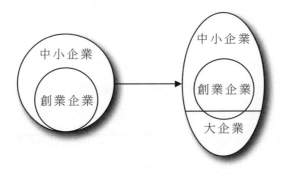

如圖 9-2 所示，創業企業和中小企業是兩個不同的範疇。一般地，創業企業都是中小企業，而中小企業並非都是創業企業。創業企業經過優勝劣汰的成長過程，成功的企業或蛻化為大企業，或仍然保留中小企業模式。這裏的邏輯是：大型企業一定是成功的小企業所蛻化而成，但成功的小企業不一定都成為大型企業，即小企業成功後，會分為成功的大型企業和成功的中小企業。即使企業發展並不一定很成功，但它們戰勝了死亡，走出了死亡谷，它們存活了。既存活，就具有進一步發展的餘地。它們成為成熟企業。

在企業發展初期，創業企業屬於中小企業的一個子範疇。然而，當企業成長和成熟後，創業企業卻分化為大型企業和中小企業兩種模式。因此，在企業發展初期，幾乎所有創業企業都是小企業。另外，不是所有成熟企業都是大企業，很多成熟企業仍然是小企業。從現實情況看，絕大多數成熟期的企業是中小企業。

二、企業的三種類型

我們可以把中小企業劃分為成熟型企業、成長型企業和創業型企業。

在種子期或創始期中，一部份創業型中小企業會夭折，而另一部份則繼續成長；同樣，在企業的成長期，一部份成長型中小企業也會夭折，而另一部份則繼續發展；即使到了成熟期，一部份成熟型中小企業仍然會倒閉，另一部份則會成為大型企業，還有一部份由於內在因素，或受制於外在因素，它們將永遠保持中小企業的地位（見圖 9-3）。

圖9-3　三種類型的企業

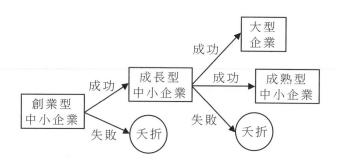

圖9-3從一個側面展示了創業企業和中小企業的關係。創業企業或成功，或失敗。成功者成為成長型中小企業，失敗者退出歷史舞台。成長型中小企業繼續發展，或成功，或失敗。失敗者同樣退出歷史舞台，而成功者卻有兩種結果：或成為大型企業，或保持中小企業規模。

從創業企業成長為成熟型中小企業並不是創業的失敗，而是創業成功的結果之一。當然，如果一個企業在成長過程中本來是期望，也可能成為大型企業，但由於自身原因，如管理不善、經營方針不妥、發展戰略不佳等而始終維持在中小企業的形態。這時的企業仍然處於成長型中小企業，它們的狀態是暫時的，它們或者調整自己，成長為大型企業，或者修正自己的戰略目標，選擇維持中小企業形態。

三、企業要採取不同的融資模式

創業型中小企業、成長型中小企業和成熟型中小企業，其融資

模式大不相同。

創業型中小企業——3F、天使投資、科技孵化器、政府扶持基金、風險投資等等；成長型中小企業——風險投資、PE 基金、擔保貸款、創業板上市等等；成熟型中小企業——中小企業擔保貸款、中小企業捆綁發債、中小企業集合上市、櫃檯交易、三板市場等等；大企業——銀行貸款資本市場 PE 基金等等。

可以看出，中小企業類型不同，所適用的融資模式也不同。創業型中小企業沒有廠房設備等作抵押，很難獲取銀行貸款。它們的資金來源往往是 3F、天使投資、科技孵化器、政府扶持基金、風險投資等等。這裏，科技孵化器本身不是融資機構，也不一定為創業型中小企業直接提供流動資金，但它們會向在孵企業提供間接的資金來源，如廉價的辦公室/廠房、免費的文件秘書、公用的電話/電傳等等。

值得注意的是，天使投資、科技孵化器、政府扶持基金、風險投資等大都不是針對一般創業型中小企業的，而是針對那些投資者認為具有巨大市場潛力、增長速度較快，具有巨大發展前景的企業，這些企業中不少都是高科技企業。

其中，科技孵化器、政府扶持基金等資金來源可能專門投資於高科技企業，風險投資的重要支援對象也是高科技企業。而一般的創業型中小企業往往依賴於 3F 作為主要資金來源。

例如一對退休夫妻在街角開了一家雜貨店，他們也是創業型中小企業，但他們的發展前景，他們的增長速度可能使他們難以獲得天使投資或風險投資，更難獲取科技孵化器的資助。

與創業型中小企業不同，成長型中小企業的資金來源主要有：

風險投資、PE 基金、銀行發放的中小企業擔保貸款，或創業板上市
等。

　　成熟型中小企業的融資方式則可以選擇中小企業擔保貸款、中
小企業捆綁發債、中小企業集合上市、櫃檯交易、三板市場等等。
成熟型中小企業比較適合以債權資本的方式融資，而創業型中小企
業則更適用於以權益資本(又稱股權資本)的方式融資。雖然對於創
業企業來說，債權資本往往比起股權資本更加便宜，它不會產生股
權稀釋問題，但比較不易獲取。這是因為創業型中小企業沒有足夠
的有形資本作抵押，也缺乏信貸歷史記錄，而權益資本的融資一方
面可以免去抵押的要求和信貸歷史的記錄，另一方面，又可以暫緩
支付貸款利息的壓力。

10 企業籌資的類型分析

　　企業的組織形式不同，生產經營所處的階段不同，對資金的數
量需求和性質要求也就不同。企業從不同籌資管道和用不同籌資方
式籌集的資金，由於具體的來源、方式、期限等的不同，形成不同
的類型。

1. 短期資金與長期資金
　　企業的資金來源按照資金使用期限的長短分為短期資金和長
期資金兩種。

(1)短期資金

短期資金是指使用期限在一年以內的資金，一般通過短期借款、商業信用、發行短期債券等方式來籌集，主要投資於現金、應收賬款、存貨等，用於滿足企業由於生產經營過程中資金週轉的暫時短缺。短期資金具有佔用期限短、財務風險大、資金成本相對低的特點。

(2)長期資金

長期資金是指使用期限在一年以上的資金，主要用於購建固定資產、無形資產或進行長期投資，通常採用吸收直接投資、發行股票、發行長期債券、長期銀行借款、融資租賃等方式來籌集。長期資金是企業長期、持續、穩定地進行生產經營的前提和保證。它具有佔用期限長、財務風險小、資本成本相對較高的特點。企業的長期資金和短期資金，有時也可相互融通。如可用短期資金來滿足臨時性的長期資金需要，或者用長期資金來解決臨時性的短期資金不足。

2.主權資金與負債資金

企業的全部資金來源按照資金權益性質的不同分為主權資金和負債資金兩大類。

(1)主權資金

主權資金即所有者權益，是指企業依法籌集並長期擁有、自主支配使用的資金，包括投資者投入企業的資本及持續經營中形成的經營積累，如實收資本、資本公積、盈餘公積和未分配利潤等，在數量上等於企業全部資產減去負債後的餘額。企業一般通過吸收直接投資、發行股票、內部積累等方式來籌集主權資金。

(2)負債資金

負債資金即負債,是指企業依法籌措並使用、應按期歸還的資金。企業一般通過銀行借款、商業信用、發行債券、融資租賃等方式來籌集負債資金。

3.直接籌資與間接籌資

企業籌集的資金按是否通過金融機構來籌集可分為直接籌資和間接籌資兩種類型。

(1)直接籌資

直接籌資是指企業不經過銀行等金融機構,而直接從資金供應者那裏借入或發行股票、債券等方式進行的籌資。在直接籌資過程中,供求雙方借助融資手段直接實現資金的轉移,無須通過銀行等金融仲介機構。

(2)間接籌資

間接籌資是指企業借助於銀行等金融機構進行的籌資,其主要形式為銀行借款、非銀行金融機構借款、融資租賃。

美國船王丹尼爾·洛維格,1897 年盛夏生於美國密歇根州的南海漫,那是一個很小的城鎮。洛維格的父親是個房地產生意的中間人。在洛維格 10 歲那年。父親和母親因為個性不合離婚了。這樣,洛維格跟隨父親離開家鄉,來到了德克薩斯州的小城──亞瑟港,一個以航運業為主的城市。

童年的洛維格生性孤僻,不喜歡與別的孩子來往,他喜歡獨自到海邊碼頭上去玩。小洛維格最愛聽輪船鳴鳴的汽笛聲和啪噠啪噠的馬達聲。那時候,他總夢想著將來有一天能夠擁有

一艘屬於自己的輪船，然後乘著它出海航行。

洛維格對船極度著迷，高中沒念完就去碼頭工作了。開始他給一些船主做幫工，做些拆裝修理輪船引擎的活計。洛維格對這一行有出奇的靈氣，簡直稱得上無師自通。常常在別人休息的時候，性格內向的他獨自在那裏把一些舊的輪船發動機拆了又裝，裝了又拆，苦苦鑽研。很多年老的修理工見他這麼有靈氣，手腳又勤快，紛紛把自己獨到的手藝和技巧傳授給他。洛維格終於成了一名熟練的輪船引擎修理工，而且名氣越做越大。多少出了怪毛病的引擎，只要經他的手一撥弄，便又能完好如初。幾年以後，他不再滿足於東家做做、西家幹幹的狀況，在一家公司找到了一個固定的工作，專門負責安裝去全國各港口船舶的各種引擎。

由於他不凡的手藝，攬的活越來越多，忙都忙不過來，於是乾脆辭去了公司的工作，獨自開了個修理行。

洛維格租下了一家船廠的碼頭，專門從事安裝、修理各種輪船。生意剛開始很紅火，洛維格積攢了一些錢。可是，這些靠手工活掙來的辛苦錢，一點兒也沒能讓他滿足。出身於中低收入家庭的洛維格不甘心過平凡窮苦的生活，他要賺很多的錢，讓自己充分體會成功的感覺。

可是怎樣才能發財呢？洛維格在那時只有一點點微不足道的積蓄，不夠做生意的資本。年輕的洛維格在企業界裏磕來碰去，摸索賺錢的方法，可是總不得要領，甚至屢屢面臨破產的危機。

就在洛維格行將進入而立之年的時候，靈感開始進發了。

童年的一個小小的賺錢經歷出現在他的腦海裏。

那是在他 9 歲的時候，他偶然打聽到鄰居有條柴油機帆船沉在了水底，船主人不想要它了。洛維格向父親借了 50 美元，用其中一部份僱了人把船打撈上來，又用一部份從船主人手裏買下了它，然後用剩下的錢僱了幾個幫手。花了整整 4 個月的時間，把那條幾乎報廢的帆船修理好，然後轉手賣了出去。這樣他從中賺了 50 美元。從這件事，他知道如果沒有父親的那 50 美元，他不可能做成這筆交易。對於一貧如洗的人，要想擁有資本就得借貸，用別人的錢開創自己的事業，為自己賺更多的錢，這就是洛維格的發現。

向銀行申請個人貸款，是洛維格能選擇的唯一辦法。在相當長的時間裏。紐約的很多家銀行裏都能見到他忙碌的身影。他得說服銀行家們貸給他一筆款子，並且使他們相信他有償還貸款本金及利息的能力。可是他的請求一一遭到了拒絕。理由很簡單，他幾乎一無所有，貸款給他這樣的人風險很大。希望一個個地燃起，又一個個像肥皂泡樣破滅。就在山窮水盡的時候，洛維格突然有了一個好主意。他有一條尚能航行的老油輪，他把它重新修理改裝，並精心「打扮」了一番，以低廉的價格包租給一家大石油公司。然後，他帶著租約合約去找紐約大通銀行的經理，說他有一艘被大石油公司包租的油輪，每月可收到固定的租金，如果銀行肯貸款給他，他可以讓石油公司把每月的租金直接轉給銀行，來分期抵付銀行貸款的本金和利息。

大通銀行的經理們斟酌了一番，答應了洛維格的要求。當時大多數銀行家都認為此舉簡直是發瘋，把款貸給洛維格這樣

一個兩手空空的人。似乎有點不可思議。但大通銀行的經理們自有他們的道理：儘管洛維格本身沒有資產信用，但是那家石油公司卻有足夠的信譽和良好的效益；除非發生天災人禍等不可抗拒因素，只要那條油輪還能行駛，只要那家石油公司不破產倒閉，這筆租金肯定會一分不差地入賬的。洛維格思維巧妙之處在於他利用石油公司的信譽為自己的貸款提供了擔保。他計劃得很週到，與石油公司商定的包租金總數，剛好抵償他所貸款每月的利息。

他終於拿到了大通銀行的貸款，便立即買下了一艘貨輪，然後動手加以改裝，使之成為一條裝載量較大的油輪。他採取同樣的方式，把油輪包租給石油公司，獲取租金，然後又以包租金為抵押，重新向銀行貸款，然後又去買船，如此一來，像滾雪球似的，一艘又一艘油輪被他買下，然後租出去。等到貸款一旦還清，整艘油輪就屬於他了。隨著一筆筆貸款逐漸還清，油輪的包租金不再用來抵付給銀行，而轉進了他的私人賬戶。

屬於洛維格的船隻越來越多，包租金也滾滾而來，洛維格不斷積聚著資本，生意越做越大。不僅是大通銀行，許多別的銀行也開始支持他，不斷地貸給他數目不小的款項。

洛維格不是一個容易滿足的人，他總覺得自己的腳步邁得還不夠大，他有了一個新的設想：自己建造油輪出租。

在普通人看來，這是一個冒險的舉措。投入了大筆的資金。設計建造好了油輪，萬一沒有人來租怎麼辦？憑著對船特殊的愛好和對各種船舶設計的精通，洛維格非常清楚什麼樣的人需要什麼類型的船，什麼樣的船能給運輸商們帶來最好的效益。

他開始有目的、有針對性地設計一些油輪和貨船。然後拿著設計好的圖紙，找到顧客。一旦顧客滿意，立即就簽訂協議：船造好後，由這位顧客承租。

洛維格拿著這些協議，再向銀行請求高額貸款。此時他在銀行家們心目中的地位已非昔比，以他的信譽，加上承租人的信譽，按照金融規定，這叫「雙名合約」，即所借貸的款項有兩個各自經濟獨立的人或團體的擔保，即使其中有一方破產倒閉而無法履行協議，另一方只要存在，協議就一定得到履行。這樣等於加了「雙保險」的貸款。銀行家們當然很樂意提供。洛維格趁機提出很少人才能享受的「延期償還貸款」待遇，也就是說，在船造好之前，銀行暫時不收回本息，等船下水開始營運，再開始履行歸還銀行貸款本息的協議。這樣一來，洛維格可以先用銀行的錢造船，然後租出，以後就是承租商和銀行的事，只要承租商還清了銀行的貸款本息，他就可以坐取源源不斷的租金。自然成為船的主人了。整個過程他不用投資一文錢。

洛維格的這種賺錢方式，乍看有些荒誕不經，其實每一步驟都很合理，沒有任何讓人難以接受的地方。這對於銀行家們、承租商們都有好處，當然洛維格的好處最大，因為他不需要「投入」，就可以「產出」。用別人的錢打天下，是洛維格獨到之處，這不能不說是一種經營天才的思維。

11 連鎖業籌資的風險應對措施

對投資決策而言，首先要避開風險，最簡單方法就是放棄投資；如果決定投資，其次就要預防風險，儘量避免風險發生；如果風險不可避免，就需要制定應對風險的預案，降低風險的損失。

魏文王問扁鵲，他行醫的兄弟三人中，誰的醫術最好？扁鵲回答，長兄最好，二哥次之，自己最差，魏文王聽了很詫異，說你扁鵲載譽全國，被奉為神醫，怎麼會不如你那兩個默默無聞的兄長？扁鵲說，他大哥可以在病態還沒有暴露之前就採取預防措施將病因排除，因此在人們眼裏就是個保健醫生；他二哥可以在症狀剛剛露頭的時候就及時撲滅病灶，因此在人們眼裏僅是個能治小病的鄉村庸醫：而我自己擅長治病危的病人，死馬當做活馬醫，若是沒能救活，死者不會抱怨，也不會傳話告訴別人去詆毀我；而一旦碰上個起死回生的病例，憑患者現身說法的口碑就足以名揚天下了。

扁鵲三兄弟的醫術正體現了上述三個層次的風險管理水準。大哥擅長預見風險，二哥擅長預防風險，扁鵲則擅長應對風險。

連鎖業的籌資風險，無論是識別風險、還是評估風險，最終都

是為了妥善應對風險。

1.廻避風險

廻避風險常是投資決策的首選對策，如果評估結果表明投資風險超過投資者的承受能力，或者超過機會收益，投資者寧可放棄投資，用腳投票。不過，資本運營就是在機會和風險之間走鋼絲的遊戲。

如果機會收益大於預期風險，為了抓住商機，投資者必須考慮下一步如何面對風險了。

2.分散風險

當風險無法廻避時，分散風險成為下一個決策的選擇。分散風險的思路與物理學的原理相同，主要是擴大受壓面積來減輕單位面積壓力。最簡單的辦法就是擴大股東人數的同時增加投資項目。一個項目若需要投資 1000 萬元，一旦投資失敗，一個投資者將獨自承擔這 1000 萬元的損失，而 10 個投資者則每人只承擔 100 萬元的損失。股東越多，承擔風險的能力越強。

股東數目增加 10 倍，雖然使每人承擔的風險降至 1/10，但也會使每個投資者的回報相應縮水 10 倍，為此需要以多元化投資組合進行對沖，把一籃雞蛋分散裝進若干個籃子裏，把 1000 萬元的資金投入 10 個不同的項目，每個項目 100 萬元，然後把每一個項目的收益加在一起，總投資收益仍不會降低。這就是投資基金的運行原理。

3.轉移風險

如果風險無法分散，下一步就需要考慮如何轉移風險了。轉移風險最簡單的辦法就是投保。如果在播種之前買了保險，一旦出現

莊稼絕收，風險就自然轉移到保險公司身上，承擔風險是保險公司的天職。

如果風險不能用投保的方式轉移，可以考慮用外包的形式轉移。例如投資一個酒店，最大的收益來自客房租金，而最大的風險在於餐廳經營。但是酒店不設餐廳又評不上星級，所以穩妥的方法就是把餐廳轉包出去，把風險轉給別人。

如果風險不能外包，最後還有一條路就是融資退出。前面討論過的擊鼓傳花遊戲，就是轉移風險的典型退出模式。前面投資者退出，就意味著機會和風險同時被轉移給了後面接棒的投資者。在某種意義上說，融資是讓渡機會，同時也是轉移風險。

4.緩解風險

如果風險無法轉移，接著要考慮的是緩解風險。一個風險可以在時間上分段化解，也可以在空間上分割消化，使風險的一次性衝擊力得以降低。例如當債務逾期的風險降臨時，爭取轉貸就是分階段化解債務風險的有效方法，每一次借新款還舊債，都會為最終擺脫債務贏得喘息的機會；當經營成本上漲和市場銷量下跌的風險同時降臨的時候，分而治之也許是有效的措施。為避免兩線作戰，可以先擱置市場開源的問題，集中精力全力解決成本節流的問題。等經營成本降下來了，再騰出手來全力拓展市場。

5.限制風險

如果緩解風險的措施沒有奏效，下一個步驟就是限制風險，其思路就是把必然降臨的損失限制在局部範圍，避免造成全局潰敗。限制風險最常用的辦法就是棄卒保車，剪枝留幹。當企業發生財務危機時，可以砍掉部份次要的項目，集中財力保證重點項目。很多

企業最後失敗，都是從被夾住一個手指頭開始。

為了拔出手指，反而把胳膊捲進去了，為了救出胳膊最後連腦袋帶身體一起陷入絕境，這時候最明智的措施就是採取限制風險的果斷措施，揮刀斷指，以免全軍覆沒。

6.承擔風險

如果前面所有的手段都使用過仍舊無效，最後只有硬著頭皮承擔風險。這也是沒有辦法的辦法，既然風險沒法應對，只能硬著頭皮頂過去。這時候需要做的，是提高自己承擔風險的心理素質，把損失計入風險預防成本，最後設置止損線，一旦風險損失超過止損險，立即放棄。

12 各種連鎖業融資管道

企業在發展的過程中，會不斷地進行各種投資活動，尤其是正處於發展階段的中小企業，容易產生資金短缺，這種情況下僅僅依靠企業的內部積累是不可能滿足企業的發展需要的，因此，中小企業需要從各種籌資管道籌集資金。而且在現實中，中小企業的融資管道是多種多樣的。

對於融資管道而言，最簡單的劃分就是將融資管道分為直接融資和間接融資。

直接融資是指資金的最終需求者向資金的最初所有人直接籌

集資金。直接融資的主要形式是企業發行股票、債券或通過各種投資基金和資產重組、借殼上市等形式籌集資金。

間接融資是指需要資金的企業或個人通過銀行等金融仲介機構取得資金。

在中小企業面對的多種融資管道中，粗略地進行分類，可以歸成如下的幾種類型：

1.中小企業與銀行等金融機構

通過銀行貸款，這是一般公司最期望得到的結果。除此之外，一些中小企業還可以借助金融機構發行債券，向社會直接籌資。當然，這種活動必須具備一定的前提，對大多數中小企業而言這是可望而不可及的事情。

2.中小企業與個人

中小企業從個人手中籌資的方法是多樣化的。比如可通過吸引直接投資的方式增加投資主體，從新的投資夥伴那裏籌集資金。有的中小企業經營者在資金短缺時向親戚朋友借錢，親戚朋友們也會拉上一把。有的中小企業會鼓勵職工入股或向職工集資。這種方式籌資的優點就是手續簡便，資金到位及時；缺點是資金數量往往很少，且會受到較多干涉。當然向私人籌資的最高形式就是發行股票了，但這對一般的中小企業來說要求較高。

3.中小企業與其他企業之間融資

中小企業與其他企業之間的籌資關係主要表現為商業信用。商業信用是公司的穩定的融資管道，中小企業可以通過賒購的方式從供應商那裏獲取商業信用，同時企業為了促進產品或勞務的銷售，也會對顧客提供商業信用。

4.還有一種微妙的融資租賃籌資

如果企業從融資租賃公司租入一台設備，租期 10 年，每年支付 120 萬元的租賃費，期滿後設備歸 K 公司所有。對 K 企業而言，相當於分期付款購買設備。如果 K 企業現在就將設備購入，可能要一次支付 1000 萬元資金，直接影響企業的現金流，而每年支付 120 萬元對資金的佔用是很小的，企業獲得了發展所需的較充裕的資金，同時也獲得了設備。

5.中小企業與政府

政府對於一些行業提供特殊的優惠政策，如對農業的優惠，在這一領域的公司可以提出申請，如果因此獲得一筆低息貸款，在某種程度上也減輕了中小企業的利息負擔。

6.中小企業還可以引進外資

中小企業在籌資中也可以利用外資來發展自己。如在海外市場融資、出口信貸、合資等等，形式是多種多樣的。

隨著企業的生命週期從出生到成長再到衰老，連鎖業對於資金的需求不斷變化，而企業的融資手段也隨之變化。企業的融資方式如下：

1. 3F

3F 即創業者本人（Founders）、家庭（Family）、朋友（Friends），也有人把 3F 解釋為：Family，Friends and Fools（家庭、朋友和傻瓜）。

把創業者戲稱為傻瓜是因為創業者往往為了追求自己的理想而放棄了原來的相對輕鬆的工作，放棄了更為優越的條件，投入自己的時間和精力，也投入了自己的全部激情和理想，很多創業者還

為創業投入了自己的全部積蓄，因此人們有時稱他們為「傻瓜」，3F 是處於種子期創業企業的最基本的資金來源。

　　3F 中至為重要的是創業者本人。創業者或是成功人士，或是具有一定的家庭資源，但更多的人是一無所有，白手起家。成功人士包括成功的企業家、管理者、投資家、著名演員、藝術家、作家、運動員等。他們的成功使他們存有一定的積蓄，他們創業往往首先依賴於自己過去的存款。有家庭背景的創業者有時要依賴家庭的支持：家族企業、家庭遺產等。而白手起家者則只能依靠自己。創業者的資金來源若僅靠自己，他們融資的方式不外乎如下幾類：

　　(1)信用卡。在國外，靠信用卡貸款來起家的創業者比比皆是，創業者，尤其是年輕的創業者也開始以信用卡做創業融資。信用卡借貸的好處是資金進入比較迅速，手續簡單，只要個人信用好，信用卡借款並不難。然而，信用卡往往貸款利息較高，有時可高達 20%以上。如不能及時償還，債務負擔必定不輕。

　　(2)個人抵押貸款。有的創業者以自己的住房為抵押以獲取貸款。有的人由於自己住房的按揭貸款尚未還清，只能進行二次按揭，而二次按揭的貸款利息極高。

　　(3)典當借款。創業者若沒有上述可能的資金來源，他們也可能將自己較為珍貴的物品作典當品，以獲得小數額的資金。典當借款的利息往往高於信用卡借款，不到不得已，創業者一般不採取這種融資方式。

2.政府科技扶持基金

　　政府以資金來直接推動中小企業，尤其是科技企業的發展，是各國均採取的國策。美國實現科技成果轉化的一個重要的手段是小

企業創新研究項目「SBIR」(Small Business Innovation Research Program)。SBIR 項目具體實施由聯邦政府各部委負責，具體參與是「研發經費為 1 億美元以上的」聯邦政府各部委，各參與部委要拿出每年研發經費的 2.5%作為 SBIR 項目經費(SBIR 項目每年的資金總額都在 10 億美元以上)支持小企業創新研究。與小企業投資公司 SBIC(Small Business Investment Companies)不同，SBIR 是政府直接的資金支援，是不計投資回報的。政府扶持基金往往作為「無償資助」方式進行，所資助的企業或項目儘管使用資金，不需要償還。這種資金來源的優點是無償使用，資金成本較低。但缺點是政府扶持基金的申請程序比較冗雜，獲得批准的手續繁多，需要等待的時間也比較漫長。

3.科技孵化器

孵化器是新生中小企業，尤其是科技型創業企業聚集的含有其生存與成長所需的共用服務項目的系統空間。這個「系統空間」包括被孵化企業、管理服務機構和服務環境。孵化器是一種資源能力的集合，包括硬體、軟體和資源分享。硬體如房子、設備等有利於企業成長的資源；軟體包括幫助創業企業進行工商註冊，教育他們如何進行管理，如何提高企業的核心競爭能力等；而資源分享是指被孵企業可以享受孵化器提供的市場資源、技術資源、政府資源等等。

4.天使投資

天使投資家又稱為「商業天使」(Business Angel)，是以自己個人或家庭的資本進行種子期/創始期股權投資的富有遠見的投資者。天使投資又稱為非正規風險投資。與風險投資相比，天使投資

的投資規模偏小，投資期限偏早，投資決策相對較快，投資成本相
對較低，投資分析相對高。風險投資是投別人的錢（往往是 LP 的
錢），而天使投資則是投自己的錢。天使投資的概念、運作及作用
是本書探討的內容。從圖 12-1 可看出天使投資始終把種子期和創
始期投資作為他們的主要投資目標。

圖 12-1　美國天使投資的投資期限

有數據顯示，在 2007 年，美國的天使投資將全部資金的 42%
投入種子期，48%投入創始期，僅有 10%投入擴張期，基本上沒有
投入成熟期。

可看出天使投資的鮮明的投資特徵：天使投資家將他們投資資
本的 90%投入企業發展的早期階段。而正因為天使投資的這種特
質，使得它能夠彌補風險投資向中晚期投資所造成的資本空白，也
使得它成為各國政府大力支持的一種投資模式。

5.風險投資（VC）

按照美國風險投資協會的定義，風險投資是由專業投資者投入
到新興的、迅速發展的、有巨大競爭潛力的企業中的一種權益資
本。風險投資是由有經驗的專業人士管理的一種資本運作模式。風
險投資家不僅對於所投企業提供資金，更重要的是他們為所投企業
提供管理經驗、市場信息、企業未來發展的戰略及商業關係網。

6. 企業家商業信用

這包括企業間往來賬務,企業間的應付款項目及企業保理業務(Factoring)。保理業務是國際上流行的應收賬款融資方式,能夠滿足企業特別是中小企業的融資需求。這種業務是指銀行或其他保理商通過對應收賬款進行核准和購買,在基於買方信用條件下,向賣方提供短期貿易融資、賬款催收、壞賬擔保等服務。2007 年,全球保理業務量已達 1.3 萬億歐元,佔全球 GDP 的比重超過 3%,其中歐洲佔它 GDP 的 6%。

7. 中小企業擔保貸款

中小企業擔保貸款由專業擔保公司為中小企業向商業銀行提供貸款擔保。中小企業融資難已經是人所共知的事實。中小企業不僅是股權融資難。而且也很難獲取銀行貸款。中小企業貸款擔保公司起到了橋樑的作用,一方面它降低了銀行的貸款風險,另一方面它緩解了小企業貸款難的矛盾。隨著經濟發展,擔保公司的市場也越來越廣泛。近年經濟環境的變化,為擔保公司帶來了新的發展,擔保公司的信譽狀況有較大提高,同時,多種品種的擔保業務已獲得開發。

8. 創業金融租賃

創業企業的金融租賃又被稱為「Venture Leasing」。它是一般性金融租賃和風險投資的結合,通常與風險投資同時進行,但也有企業在獲取風險投資之前利用創業金融租賃的辦法融資。創業金融租賃的實質與一般性金融租賃類似,不同的是,前者是將金融租賃業務的對象設為創業企業或小企業。

一般地,金融租賃公司需要與風險投資家合作,依靠風險投資

家對需要融資的創業企業進行盡職調查和評估。一旦調查結果滿足要求，金融租賃公司就將購買企業所需儀器，如電子電腦主機，然後以租賃的方式轉給創業企業使用。一方面，創業企業沒有足夠的資金購買比較昂貴的儀器，但又急需使用；另一方面，金融租賃公司擁有儀器設備的所有權，還可通過收取租金補償折舊支出，並獲取利潤。

有時，風險投資公司自己直接從事創業企業的金融租賃服務，收取租金及股權。獲得金融租賃的創業企業將按照合約支付租金，通常是按月支付。對於初創企業的租賃會給金融租賃公司帶來附加的風險，因此，金融租賃公司除了要求企業支付租金外，往往還要企業付與一定的股權。從這個角度上看，它又具有風險投資的性質。

9. PE 基金，購併基金

PE(Private Equity)被譯為私募股權，又為私人權益資本，或非公開權益資本，而購併基金是 PE 的一種主要形式。PE 基金往往規模較大，偏向於投資大型企業或成長型企業的發展晚期階段，因此，PE 基金往往不是創業企業或一般中小企業的融資選擇。

10.商業銀行

商業銀行(Commercial Bank)是一個可以提供存貸款業務的信用仲介機構。銀行貸款存款的利息之差是銀行的利潤收入。它是以獲取利潤為目的的金融企業。一般地，商業銀行僅貸款給那些成熟的，已經具備一定規模的，具有償還能力的企業。而中小企業，尤其是創業企業一般規模較小，沒有可以作為抵押品的廠房、設備，也沒有穩定的現金流以作還款付息的保障。因此，初創企業以及一般中小企業很難獲得商業銀行的貸款。目前，政府通過建立各

種貸款擔保機構來幫助中小企業獲取銀行貸款。

11.資本市場

資本市場是指期限在一年以上的資金融通活動的總和。資本市場又叫長期資金市場，是相對於貨幣市場（短期資金市場）而言的一種金融市場，通常是指一年以上的金融工具交易的場所，包括股票市場、債券市場和長期信貸市場等。籌資者、投資者、仲介機構和管理機構，他們相互制約、相互依存構成了資本市場的完整內涵。一般地，資本市場是為成熟企業，尤其是優先的成熟企業提供融資的場所。各國創業板市場雖然為中小企業和成長型企業提供了便利的融資條件，但即使是創業板市場也往往很難成為種子期或初創企業的融資管道。

綜上所述，隨著企業生命週期的變化，與之相適應的融資模式也在發展變化。上述 11 種融資模式中的前 8 種都可以或多或少成為企業生命週期早期的融資管道。

心得欄

13 連鎖業融資的主要途徑

一、風險投資

對創業者來說，能否快速、高效地籌集資金，是創業企業站穩腳跟的關鍵。對於創業者來說，取得融資的管道很多，如風險投資、民間資本、銀行貸款、融資租賃等，這些都是不錯的創業融資管道。而風險投資，對創業者可以起到「維生素 C」的作用。

風險投資是一種股本投資，風險投資家以參股的形式進入創業企業；這是一種長期投資，一般要與創業企業相伴 5～7 年；這是高風險高回報的投資，它很可能血本無歸，而一旦成功則大把大把地收錢，這是在實現增值目的後一般要退出的投資。

風險資本最大的特性是對高風險的承擔能力很強，與此相應，它對高回報的要求也非同尋常。很多有融資經驗的創業者會說：「風險資本對創業企業的幫助相比其他的資本來說是最高效的，但是想讓風險投資人掏出錢來也是很難的。」在這種情況下，創業者的任何想法和打算，都會被風險投資家反覆考慮和權衡。

好的項目、優秀的商業模式再配合良好的創業團隊，風投公司自然會投來關注的目光。對創業者來說，尋找風投是一件艱難的事，一般創業者有兩條途徑可以爭取風險投資的支持：一是直接向風險投資商遞交商業計劃書，二是透過融資顧問獲得風險資本的資

助。

對於初創企業來說，從種子期到成長期直至上市，是一個複雜又漫長的過程，融資顧問會給創業者搭橋引線，使得創業者與風險投資人達成初步的意向。接下來，三方會就融資進行細節的談判。另外融資公司提供的全面解決方案，可以幫助創業者從種種困難與瓶頸中解放出來，為創業企業與風險投資雙方構建了一個有效溝通的平台，對於不知融資過程的創業者來說有全程幫助作用。

對於某些正在尋找風險投資的創業者來說，尋找投資天使也是一個不錯的融資管道。天使投資是自由投資者或非正式風險投資機構，對處於構思狀態的原創項目或小型初創企業進行的一次性的前期投資。天使投資人通常是創業企業家的朋友、親戚或商業夥伴，由於他們對該企業家的能力和創意深信不疑，因而願意在業務遠未開展之前就向該企業家投入大筆資金，一筆典型的天使投資往往只是區區幾十萬美元，是風險資本家隨後可能投入資金的零頭。

二、民間借貸

創業者多是一切從零開始，甚至看不清楚以後的發展前景。在前途不明朗的情況下，處於早期創業階段的公司很難從銀行及其他金融機構得到資金，這時，就只能靠創業者自身透過各種方式來尋找投資了。

由於創業者與家人、朋友等彼此瞭解，關係親近，因此，從家人或朋友處籌得的資金就成為優先選擇的方式，而且這種方式顯得較為容易。許多創業者在起步階段，都依靠的是親戚、朋友或熟人

的財力。這些資金可以採取借款和產權資本的形式。不僅是個人之間，企業之間也會有資金充裕者將錢借給短缺者進行週轉，收取一定的利息，這種資金融通方式，即民間借貸。

向親戚朋友借一些錢作為初始資金投入，是許多創業者的起點。目前絕大多數民營企業，包括那些已經做大的企業，很多都是靠民間借貸發展起來的。當企業發展到一定規模後，創業者才利用擴股等其他形式籌集資金。

創業者從家人、朋友處獲得的資金最好是以借貸的方式，這樣創業者才能擁有更多股份，有利於創建和完善公司的經營決策。從這個方面考慮，創業者最好不要接受家人或朋友以權益資金入股的形式。當家人或朋友的資金是以權益資金形式注入，家人或朋友就是公司的股東，如果他們既不懂公司的經營管理，又要干預公司的日常經營行動，就會對公司的發展帶來不利影響。

生活中常常出現這樣一些情況：在公司初創時期，有些創業者與家人或朋友的關係並沒有清晰明確下來，以致在後來的發展過程中雙方關係鬧得很僵，影響到公司的生產經營。

在籌備資金時沒有考慮到投資人是親戚關係，而對方投資數額又多，不懂技術卻經常干預經營管理，而造成員工、顧客流失的惡性循環。為避免出現這種狀況，雙方應在投入資金時就明確彼此的關係，以書面的形式達成協定明確雙方的權利與義務。

為避免一些潛在問題的出現，創業者應當全面考慮投資所帶來的正面和負面影響及風險性。創業者嚴格按照公司管理規範創業公司，以公事公辦的態度將家人和朋友的借款或投資與投資者貸款或投資同等對待。

另外，任何貸款都要明確規定利率以及本金和利息的償還計劃、對權益投資者未來的紅利必須按時發放，就能減少或降低融資帶來的負面影響及風險。對於借貸形式的資金投入，還要在協議中明確規定利率及本利償還計劃。

儘管求助於親人和朋友融通的資金有限，但仍不失為創業之初非常重要的融資管道。但是又因為資金需求的增大和借貸範圍的擴大，使錢和這種融資方式一道變得不安全。於是，人們借入錢創業和借出錢令財富增值的夢想，連同親戚朋友熟人彼此的信賴、信用關係，一同經受煎熬、經受考驗。

民間借貸的基礎是信用。

三、銀行貸款

銀行貸款被譽為創業融資的「蓄水池」，由於銀行財力雄厚，而且大多具有政府背景，因此在創業者中有很好的「群眾基礎」。

相對於其他融資方式，向銀行貸款是一種比較正式的融資方式。但事實上，創業者要想獲得銀行貸款的確不容易，但也不是完全不可能。綜觀大部份創業失敗的原因，無論失敗的根源在那裏，最後都會體現在「差錢」上，資金鏈斷裂又籌措不到錢。因此對於創業者來說，無論你是創業初期需要融資，還是在創業中期擴大生產需要銀行的資金援助，與銀行好關係都是非常重要的。而且，創業者要想順利得到銀行的貸款，還必須對銀行借貸的形勢和流程有所瞭解。

創業熱情與資金「瓶頸」是共存的，如今銀行的貸款種類越來

越多，貸款要求也不斷放鬆，如果根據自己的情況科學選擇適合自己的貸款品種，個人創業將會變得更加輕鬆。

創業者可以土地、房屋等不動產做抵押，還可以用股票、國債、企業債券等獲銀行承認的有價證券，以及金銀珠寶首飾等動產做抵押，向銀行獲取貸款。

除了存單可以質押外，以國庫券、保險公司保單等憑證也可以輕鬆得到個人貸款。存單質押貸款可以貸存單金額的 80%；國債質押貸款可貸國債面額的 90%；保險公司推出的保單質押貸款的金額不超過保險單當時現金價值的 80%。存單、國債質押貸款的期限最長不超過質押品到期日，銀行辦理的個人保單質押貸款期限最長不能超過質押保單的繳費期限。

四、融資租賃

融資租賃，又稱設備租賃，或現代租賃，是指實質上轉移與資產所有權有關的全部或絕大部份風險和報酬的租賃。資產的所有權最終可以轉移，也可以不轉移。

融資租賃適合資源類、公共設施類、製造加工類企業，如遇到資金困難，可將工廠設施賣給金融租賃公司，後者透過返租給企業獲得收益，而銀行則貸款給金融租賃公司提供購買資金。製造企業可透過該項資金償還債務或投資，盤活資金鏈條。

從國際租賃業的情況來看，絕大多數租賃公司都是以中小企業為服務對象的。由於中小企業一般不能提供銀行滿意的財務報表，只有透過其他途徑來實現融資，金融租賃公司就提供了這樣的平

台,透過融物實現融資。

由於租賃物件的所有權只是出租人為了控制承租人償還租金的風險而採取的一種形式所有權,在合約結束時最終有可能轉移給承租人,因此租賃物件的購買由承租人選擇,維修保養也由承租人負責,出租人只提供金融服務。

五、股權融資

股權融資屬於直接融資的一種,企業一刻都離不開資金,資金之於企業有如血液之於人體。企業沒有資金,將無法經營,組建公司的首要任務就是籌集資金。公司成立後,如因擴大經營規模等需要,也要籌集資金。因此融資不再是上市公司或大型企業的專利。對於中小企業來說,選擇一種較為現實和便捷的方式進行融資是其成長壯大的必由之路。

長期以來,人們都認為股權融資是大企業的事,與中小投資者、小本創業者不相干,其實情況並非如此。股權融資是指企業的股東願意讓出部份企業所有權,透過企業增資的方式引進新的股東的融資方式。股權融資所獲得的資金,企業無須還本付息,但新股東將與老股東同樣分享企業的贏利與增長。這種融資方式對於創業者來說,也是一種較為現實和便捷的融資方式。

方興未艾的股權融資,能在短時間內得到越來越多的認可,成功案例不斷出現。對於創業者來說,來自股權融資的資本不僅僅意味著獲取資金,同時,新股東的進入也意味著新合作夥伴的進入。但是在進行股權融資時,創業者需要注意的是對企業控制權的把

握。

因為忙於融入資金，就沒有過多地考慮企業的控制權，結果自己創辦的公司拱手讓人。

初創企業盡可能不要喪失對企業的控股權。在融資時一定要把握住企業的控股權，而且在開始時最好是絕對控股，而不是相對控股。做不到這一點，則寧可放棄這次融資，或者以一個較好的價錢將現有企業全部轉讓，自己重敲鑼鼓另開張，再找一個事業做。這是一個原則性的問題。

創業者也可以選擇分段融資的方式，將股權逐步攤薄。這樣做有兩方面的益處。首先是融資數額較少，比較容易融資成功。其次，可以保證創業者對公司絕對的控股權，而且在每一次融資的過程中，都可以實現一次股權的溢價和升值。

一個企業一旦決定要進行股權融資，創業者也可以儘早讓一些專業的仲介機構參與進來，幫助創業者包裝項目和企業。除要進行一些必要的盡職調查外，還要根據本企業的實際情況，設計相應的財務結構及股權結構，同時在股權的選擇上如是選擇普通股還是優先權均要仔細推敲，創業者切忌採取拍腦袋的方式來代替科學決策。而且融資是一個複雜的過程，這個過程涵蓋企業運營的各個方面，為了避免走彎路，減少不必要的法律風險，創業者要借助專業的仲介機構。

在進行股權融資時，為了達到各方都滿意的股權投資協定，就需要根據投資性質確定不同的運作方式。另外還要發掘對手財務信息中的隱藏債務，設計出符合雙方利益的擔保機制，設計科學的法人治理結構等等，都需要有專業機構的意見。如果企業想透過股份

制改造進而上市，更是一項紛繁浩大的系統工程，需要企業提前一到兩年時間(甚至更長)做各項準備工作，而這些具體操作都需要專業人士指導，那麼券商、律師事務所、會計事務所、評估事務所的提早介入就顯得異常重要。

六、創業投資基金

創業投資基金是指由一群具有科技或財務專業知識和經驗的人士操作，並且專門投資在具有發展潛力以及快速成長公司的基金。

創業投資是以支援新創事業，並為未上市企業提供股權資本的投資活動，但並不以經營產品為目的。它主要是一種以私募方式募集資金，以公司等組織形式設立，投資於未上市的新興中小型企業(尤其是新興高科技企業)的一種承擔高風險、謀求高回報的資本形態。

創業基金支持的項目要符合產業政策，技術含量較高，創新性較強的科技項目產品；有較大的市場容量和較強的市場競爭力，有較好的潛在經濟效益和社會效益；項目應具備一定的成熟性，以研發階段項目為主。

14 天使投資與風險投資的區別

連鎖業可向天使投資或風險投資公司引入資金，這兩類有什麼區別嗎？天使投資作為非正規風險投資，與作為正規軍的風險投資（VC）存在著的區別：

1. 天使投資是投自己的錢，而風險投資家是投別人的錢。這是二者最基本的區別，其他許多區別都是基於這個基本點的。

在投資後積極參與企業的管理與建設上，天使投資家與風險投資家有些類似，但又不盡相同。天使投資家也參與被投企業的管理與建設，他們也給予被投企業除了資金以外的其他幫助，如幫助組織下一輪融資，幫助企業尋找商業機會，幫助企業修正現存的成長戰略。然而，風險投資畢竟是機構投資者而天使投資大都是個人投資行為。前者的社會關係、商業關係都比後者豐富。他們的再融資能力也比後者強。

2. 天使投資是非正規的風險投資，而其非正規的性質目前正在慢慢地淡化。

作為正規軍的風險投資更強調組織結構、審核和投資管理的程序、規避風險的手段。對於創業者來說，風險投資是「機構投資者」，而天使投資則是更為分散的、個別的、更可親近的個人投資人。

表 14-1   天使投資家與風險投資家的區別

	天使投資家	風險投資家
融資	投資自己的錢，基本上不需要向其他人融資	投資其他人的錢，需向富有的個人、家庭，主要是向機構投資者融資
投資	投資期限：種子期、初創期及初創後期，以投資種子期和初創期為主	投資於種子期、初創期、初創後期、擴張期、成熟期，以投資於擴張期為主
	一次投資，往往缺乏後續資金投入	多輪投資，往往有後續資金投入
	投資工具以普通股、優先股為主	投資工具以可轉換優先股為主
	投資工具中很少附加風險控制條款	投資工具中往往附加各種風險控制條款
	一般不以分期投資作為減少代理成本的手段	往往以分期投資作為減少代理成本的手段
	一般不太利用投資附加條款以在清產時保護自己的利益	往往利用投資附加條款以在清產時保護自己的利益
	一般不在投資時進入反稀釋條款	往往在投資條款中附加各種類型的反稀釋條款
投資後管　理	積極參與管理	積極參與管理
	很少進入董事會，不認為這是參與被投企業管理的主要手段	進入董事會，並作為參與被投企業管理的主要手段之一
	投資後，創業者往往仍然保持對企業的絕對控制權	投資後，創業者可能會失去對於企業的絕對控制權
退出	股權贖回、轉讓、出售、被購併、首次公開上市(IPO)、清產，但一般很少參與 IPO	股權贖回、轉讓、出售、被購併、首次公開上市(IPO)、清產，一般 IPO 是投資者退出戰略首選

3. 天使投資家是投自己的錢，它的運作過程比起風險投資來少了一個環節。風險投資具有融資、投資、投資後管理、退出四個環節，而天使投資僅有投資、投資後管理、退出三個環節。

投資階段也是風險投資家進入企業的階段。既然風險投資家是投資家，他們一般不會在企業中永遠做股東，他們是金融家，他們是用資本賺取資本的。他們是要從投資的企業中退出的，而且是帶著豐厚的投資利潤退出的。退出後，他們會將所獲利潤（資本增值）在投資者（LP：Limited Partner，有限合夥人）和他們本身（GP：General Partner，一般合夥人）之間進行分配，然後進行新的一輪循環過程：重新進行融資、投資、投資後管理及退出。

風險投資的這四個階段形成一個資金的循環過程。與此不同，天使投資的循環則僅僅具有三個階段：投資、投資後管理、退出。天使投資家是用自己的錢來進行投資的，他們不需要向投資者融資，因此，也就沒有融資階段。此外，天使投資家也不需要進行利潤分配。

4. 風險投資具有兩層委託代理結構，從而產生雙重代理成本問題，而天使投資只有一層委託代理結構，沒有雙重代理成本問題。風險投資的第一重代理關係產生在風險投資的融資過程中。融資時，投資者（LP）是委託人，而風險投資家（GP）是代理人。風險投資家作為資金管理者應當代表其委託人——投資者的利益，執行其意志。

風險投資的第二重代理關係產生在風險投資的投資階段和投資後管理階段中，在投資時及在投資後積極參與被投企業的管理中，風險投資家卻搖身一變，從代理人變成委託人，而被投企業的

企業家（創業者）這時成為代理人。創業者作為資金使用者應當代表
其委託人——資金管理者的利益，執行其意志。

風險投資家在這兩層代理關係中的角色不同，作用也不同。而
在天使投資全過程中，僅存在一重代理關係，天使投資家始終是委
託人。從這個角度中，天使投資的委託代理關係要簡單得多，相應
地，天使投資的委託代理成本也低得多。

5. 與風險投資相比，天使投資的投資期限更早。根據
A.Wong（2002）的調研，天使投資平均的投資期限在創業後 10 個月
左右。傳統的情況下，風險投資的投資期限往往在種子期、初創期、
擴張期，其投資重點為企業的擴張期。而天使投資則主要投資於企
業的種子期和創始期。目前，風險投資在各國均有向後期投資的趨
勢。風險投資越來越向非公開權益資本（又稱為私人權益資本：
Private Equity）靠近。這種現狀使得天使投資在企業發展早期的
融資過程中起著越來越重要的作用。

6. 與風險投資相比，天使投資的投資項目更多。風險投資選擇
投資項目的標準可以說是百裏挑一。如果一個風險投資家在一個月
中略讀了 100 個企業的商業計劃書，他或她只挑選 3～5 個詳細閱
讀，可以僅對其中的 2～3 個做盡職審查，最終可能只對一家企業
投資。所以，風險投資所投資的項目是很少的，以美國風險投資數
據為例，見圖 14-1。

如圖 14-1 所示，美國風險投資在 Internet 泡沫高潮時（2000
年），全美風險投資共投入 7903 個項目，達到歷史最高紀錄。從
2000 年起，風險投資的項目數開始下降，直到 2003 年觸到谷底。
從 2004 年始，風險投資項目數逐年上升，到 2007 年，增加到 3912

個。雖然近 5 年來，風險投資一直呈上升趨勢，但投資項目總數仍然有限。與風險投資相比，天使投資的所投項目數量卻多得多，在 2007 年已經達到 50000 個。

圖 14-1　2000～2007 年美國風險投資所投項目總數

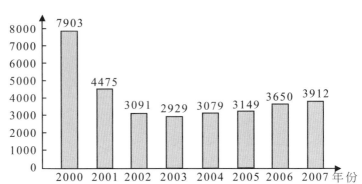

7. 與風險投資相比，天使投資的投資額度更小。風險投資是一種機構化的資本運作形式，而天使投資則通常是非機構化的個體的分散的股權投資形式，作為機構化運作的風險投資基金規模越來越大(見圖 14-2)。

如圖 14-2 所示，美國風險投資基金規模自 2002 年以來類似直線式上升。融資總額從 2002 年的 39.4 億美元到 2007 年的 346.8 億美元，增長了近 10 倍。與此同時，平均每個基金的規模從 2002 年的 2200 萬美元提高到 2007 年的 1.476 億美元。

以一個 1.5 億美元的基金為例：假定風險投資基金投資到 15 個項目，那麼，每個被投項目的平均投資額為 1000 萬美元。這種現實使得相當多的小企業、初創企業對於風險投資只能是「可望而不可即」。而天使投資則得到越來越多的企業的青睞。

圖 14-2　2002～2007 年美國風險投資規模的狀況

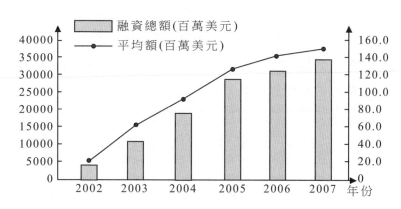

8. 與風險投資相比，天使投資的投資風險更高。天使投資比風險投資投資的期限更早，投資越早，所投項目的不確定因素就越多。這些不確定性是伴隨企業的誕生而誕生，隨著企業的逐漸成長而減弱。企業越走向成熟，不確定因素就越減少。當然，不確定性會伴隨企業的整個生命歷程，只會減小，不會消失。

9. 與風險投資相比，天使投資的投資成本更低。

風險投資是機構化的投資管理，這種正規化為風險投資的運作帶來了效益，同時也造成一定的管理成本。而天使投資則是非正規的風險投資，相應地，其管理成本較低。

風險投資過程包含兩層委託代理關係，其委託代理成本自然比只有一層委託代理關係的天使投資要高。

風險投資家是經過訓練的、經驗豐富的職業資金管理者。他們所要求的工資及利潤分成相對較高，而天使投資家雖然也是經驗豐富的企業家、銀行家、投資家、其他成功人士，但他們本身並不以

此職業為生。他們已經在事業上有所成就，他們作為天使投資家是為了利潤，但更是為了實現自己的理想，幫助創業者建設企業，他們在投資和參與初創企業的成長壯大的過程中得到精神的享受。從這個意義上說，金錢的收入並不是他們唯一的追求，這種狀況造成他們的資金管理成本相對較低。

天使投資家是投資自己的錢，而風險投資家是投資別人的錢。自己管理自己的錢，自己投資自己的錢自然省去相當大的管理經費。

10.與風險投資相比，天使投資的投資決策更快。天使投資家的決策快主要也是取決於他們是在投資自己的錢。

天使投資家投資自己的錢，不必得到其他人的許可或默認，不必經過一定的流程。

天使投資家投資自己的錢，不需要和合夥人協商，不需要探討和溝通，省去很多時間。

天使投資家投資自己的錢，往往投資於自己所熟悉的領域，或投資於自己所熟悉的科技，自然輕車熟路，不必要過多的計量和更長時間的思索。

15 呂不韋是中國最早的天使投資人

天使投資是風險投資的一種。風險投資在投入資金的同時會更多地投入管理；天使投資一般不參與管理。風險投資一般投資額較大，而且是隨著風險企業的發展逐步將資金投入，它對風險企業的審查很嚴；天使投資投入的資金金額一般較小，一次投入，對所投企業不作嚴格的審查。

西元前 265 年，一個名叫呂不韋的普通商人，出現在趙國邯鄲的街頭，並在趙國遇到了一個對他一生影響深遠的人：秦昭王的孫子，名字有點怪，叫異人。這兩個人合力造就了中國歷史上最重要的事件——秦國統一中國。

秦昭王的太子是安國君，安國君給秦昭王生了 20 多個孫子，異人不是長孫，他的生母夏姬也不是安國君的寵妃，所以異人在家裏的地位不高。由於秦、趙兩國戰事的原因，異人甚至被送到趙國做人質，混得頗為潦倒，估計他做夢都沒有想過有朝一日能成秦國國君。

而呂不韋作為商人，對利益是非常敏感的，他深知「耕田只能獲得十倍利，經營珠寶只能獲得百倍利，而輔佐天子能享有無數利」的道理。於是，呂不韋一眼就看中了異人，並成功地遊說異人，要對其進行「天使投資」，展開一場雙贏的合作交易——呂不韋輔佐異人成為秦國國君，異人則承諾事成後與呂不韋分享秦國土地。

　　呂不韋的計劃是先從太子安國君的正品夫人——華陽夫人身上著手。華陽夫人年輕貌美，深受異人父親——秦王太子安國君的寵愛，但華陽夫人最擔憂的是自己沒有兒子，一旦那天太子登基，她雖貴為秦國王後，如果沒有親生兒子給自己撐腰，未來的宮廷生涯可能會遇到很多風險。於是呂不韋做出了第一筆投資，他拿出五百金搜羅珍寶，由華陽夫人的姐姐做中間人，並以異人的名義將珠寶進獻給華陽夫人。華陽夫人答應幫助異人做繼承人，並指望異人能日後報恩於她。華陽夫人辦事利索，沒幾天，大功告成，遠在邯鄲的異人改名為子楚，被立為秦國繼承人。

　　隨後，呂不韋做出了一筆更為重要的追加投資——愛妾趙姬。因為子楚在一次宴會上迷上她了，精明商人呂不韋不會為了女人而放棄長遠投資計劃！於是，趙姬改嫁子楚並生了一個男孩——未來的始皇帝嬴政。

　　在嬴政兩歲的時候，他的皇帝太爺爺——秦昭王就發起了聲勢浩大的「邯鄲之圍」，希望吞下趙國，完全不顧子楚和小嬴政還在趙國做人質。在趙國打算殺掉人質子楚的時候，呂不韋又做出了第三筆投資——拿出六百金，買通了邯鄲城的守軍，把子楚安全送到秦軍大營中。

　　六年之後，秦昭王去世，安國君即位。可安國君才當了三天秦王，就一命嗚呼。子楚成為新任國君，即秦莊襄王。呂不韋的投資終於到了回報期，當上國君的莊襄王自然兌現承諾——任命呂不韋為丞相，封為文信侯，河南洛陽十萬戶成為呂不韋的食邑。但莊襄王的國君命也短暫，在即位三年後也去世了。於是，西元前 249 年，12 歲的嬴政登上了王位，並尊稱呂不韋為「仲父」。

從此，呂不韋作為相國把持秦國朝政 12 年之久，享受榮華富貴的同時，也在政治、經濟、軍事、文化等各方面都頗有建樹。但呂不韋最終卻在秦王嬴政的一手導演下，喝下毒酒自殺。此時，這個歷經十多年精心設計的投資項目才宣告終結。

呂不韋可以稱得上是中國古代一位傑出的商人、政治家、思想家。同時，我們今天更要承認，他也是一位傑出的「天使投資人」。

16 哥倫布是最早的風險投資家

隨著各種資源的豐富和交流的頻繁，充斥了大量的風險投資（Venture Capital，簡稱為 VC），還有許多的「天使投資人」，以及等待風險投資垂青的大小企業。

推開 VC 這扇門，它身後究竟是怎樣一個世界，使得創業者們為之歡欣雀躍或黯然神傷呢？

義大利探險家哥倫布的最大愛好就是環球航海探險，可是他沒有什麼錢買船、招募船員。於是他花了 7 年時間四處奔走，向葡萄牙國王、西班牙女王、英國國王以及無數歐洲王公貴族推銷其探險計劃，遺憾的是沒有人搭理他。

直到 1492 年，西班牙女王伊莎貝拉經過多年考慮，決定投資哥倫布的探險商業計劃。女王與哥倫布簽下了一個非常不錯的投資協定——哥倫布獲得航海探險收益的 10%，並成為新發現領地的總

督，而剩餘的收益將歸女王所有，但女王需要預先支付哥倫布探險的所有費用。正是西班牙女王的這項投資，使得哥倫布發現了新大陸，並由此改變了整個世界，西班牙也因此成為盛極一時的世界大國。

哥倫布的商業計劃是由大西洋向西航行，到達東方盛產香料和黃金之地。這絕對是一個高風險項目，那是一條從來沒有人走過的路線。當時，甚至都沒有幾個人相信地球是圓的。如果沿著葡萄牙人開闢的航線，沿著非洲西海岸向南，繞過南非的好望角前往東方，不會有任何意外，但收穫也有限。而哥倫布向西航行到達東方的想法，卻是一個創新。由於以前沒有人嘗試過，因此失敗的風險很大，但也有可能獲得極大的投資回報。

哥倫布出身於商人家庭，從小受到家庭的耳濡目染，使他具備了精明的商業頭腦，加之他在葡萄牙 8 年的航海經歷又給了他足夠的勇氣和經驗。西班牙女王是個有眼光的投資人，因為她看到了哥倫布本人及其商業計劃的前景和潛力，並願意與一個普通百姓坐下來討論風險和利益分配的問題。

1492 年 4 月 17 日，哥倫布和女王簽訂了正式的「投資協定」——《聖塔菲協定》，該協定規定：行政上，女王封哥倫布為海軍元帥，在探險中發現和佔領的島嶼和陸地上，他將擔任當地的總督。哥倫布可以從在這些領地經營的黃金、珠寶、香料以及其他商品的收益中獲取 1/10，並一概免稅，還有權對一切開往那些佔領地的船隻收取 1/8 的股份。另外，哥倫布所有的爵位、職位和權利都可由他的繼承人世襲。

帶著女王授予的海軍大元帥的任命狀和投資協定，哥倫布率領

著女王出資組建的船隊雄赳赳氣昂昂地出發了。船隊由 87 名船員和三艘帆船組成：載重量 60 噸的尼尼亞號、載重量 60 噸的平塔號和載重量 120 噸的聖瑪利亞號。他們完成了一次載入史冊的偉大探險，哥倫布和他的船員首先發現的陸地是今天位於北美洲的巴哈馬群島，那是一塊歐洲人從來都不知曉的新大陸。

　　風險投資家哥倫布從伊莎貝拉女王處獲得了其允諾的所有物質和精神獎勵。同時，作為風險投資家背後的投資者——女王及西班牙依靠這項成功的長期投資，收穫更大。據統計，從 1502 年到 1660 年，西班牙從美洲得到了 18600 噸白銀和 200 噸黃金。到 16 世紀末，世界金銀總產量的 83%被西班牙佔有，並且更為重要的是，伊莎貝拉女王的投資得到了一個新大陸——美洲大陸。直到現在，西班牙語還是美洲大陸的主要官方語言之一。

　　風險投資專注於投資早期、高潛力、高成長的公司，以現金換取被投資公司的股權，通過被投資公司的上市或出售實現股權增值並且在變現後獲得投資回報。

17 天使投資的起源

一、天使投資的誕生

傳說天使是上帝的信使，她們身穿白色的長裙，張著美麗的翅膀飛到人間。她們具有無比的智慧和力量，向困難的人們賜予及時的援助。天使代表著春天和希望。

創業者把投資人比作天使是對投資人無限崇敬和尊重。在商業現實中，天使投資也扮演著相似的角色。

天使投資這一概念，最早起源於 20 世紀初的紐約百老匯表演。當時，演員和編導要做出精心努力及艱苦付出，以排練一部新劇碼。在編導和排練過程中，他們不僅要付出艱辛勞動，還要準備各種服裝道具，並且需要一筆相當數目的經費。如果劇碼大功告成，人們的投入就會帶來榮譽和金錢。然而，一旦首演失敗，他們過去付出的全部心血、注入的全部感情，都會付諸東流，不僅如此，他們先前投入的全部資金，無論是自己的，還是親朋好友的，也將化為烏有。可見，對這種新型劇碼的投資是具有相當高的風險的。

有一次，在已經投入大量人力與物力資本的情況下，人們忽然發現資金不夠，使正在排演的劇碼面臨著半途而廢的困境，大家心急如焚。一方面，人們不願意放棄已投入的所有一切；另一方面，由於未來演出是否能夠成功具有很多不確定因素，很難找到外部資

金，真是叫天天不應，叫地地不靈。在最困難的時候，一位過去曾
在百老匯演出成功的經濟實力雄厚的人向他們伸出了援助之手。這
位做出大膽而及時的投資決策的投資人，對於那些處於困境的編導
和演員來說，如同上帝派來的天使，他們尊敬地稱他為投資天使。
「天使投資」一詞應運而生。

百老匯出現的最初意義上的天使投資具有一定的慈善資助的
性質。後來，天使投資被用於純商業行為。那些投資於種子期，早
期的創意或創業的個人的股權資本即稱為天使資本；那些從事這種
高風險，以期獲取可能的高收益的人即稱為天使投資家。像風險投
資(VC：Venture Capital，又譯為創業投資)一樣，天使投資家不
僅為企業提供資金，更具有價值的是他們的專業知識、經驗和關係
網。

雖然天使投資作為一種金融職業的歷史並不長久，但天使投資
這種投資行為早就存在於經濟生活中了。

早在 1874 年，年輕的亞歷山大·貝爾就是借助於兩位天使投
資人創立了世界上第一家電話公司的。貝爾最初希望能夠從銀行獲
得一些啟動資金，但銀行認為他的想法太大膽，風險太高，沒有貸
款給他，而波士頓的一位成功的律師和一位皮貨商資助了貝爾，成
全了他創業的理想。

1903 年，五位天使投資人投資 4 萬美元，使得亨利·福特實
現了他的汽車夢：創立了後來的經濟巨人——福特汽車公司。

1997 年上市的亞馬遜公司，就是基於若干投資者的 120 萬美
元天使資本之上的。後來，亞馬遜又融到 800 萬美元的風險投資(又
稱為創業投資，下同)。

現在的蘋果公司和谷歌公司都在早期得到過天使投資的資助。人們常說，天使投資家有著鋼筋一樣的神經和金子一樣的心。沒有天使投資家，就沒有今天的蘋果公司。沒有天使投資家敏銳的市場嗅覺和果斷的判斷，就沒有現在的谷歌。

有人說，天使投資就是賭博與奉獻的巧妙結合。如風險投資一樣，天使投資也是一種風險性極高的投資行為。天使投資家在投資前就十分清楚：無論自己對所投項目做過多少審慎調查，無論這些項目看起來有多好，也無論其潛在的利潤多大，它們的未來是叵測的，它們內在的風險是很高的。一旦投資失誤，天使投資家所投入的自己辛辛苦苦賺來的錢就很可能如石沉大海。面臨這樣巨大的風險，天使投資家仍然從事這種投資，表面上看起來，不能不說有一點賭博的味道。而在現實生活中，天使投資家的投資決策的每一步都相當審慎，以求最大限度地規避風險。越是老練的天使投資家，越是成功的天使投資家，就越投入相當的精力進行投資前的準備工作，包括對於項目的全面審核。這種審慎的特性又與賭博大相徑庭。

另外，天使投資家的確往往具有與創業者一樣的激情、浪漫和樂觀精神，他們期望成功，他們大膽衝向成功，像創業者一樣，他們也具有奉獻精神。不瞭解天使投資家的這種心理，就不能瞭解他們為什麼熱衷於天使投資這一事業，也不可能得到他們投資成功的秘訣。

二、天使投資的概念

天使投資又稱為「非正規風險投資」。與風險投資相似，天使

投資也是向非上市企業，特別是種子期/早期的創業企業進行非控股性投資的非公開權益資本。不同的是，風險投資是機構行為，而天使投資則是個人行為。風險投資家投的是他人的錢（主要是機構投資者的資本），而天使投資家投的是自己的錢。

嚴格地說，並非所有的非正規風險投資都是天使投資。根據 Martin Haemmig 教授的研究，真正意義上的天使投資僅佔非正規風險投資的資金來源的 9.3%。

表 17-1　非正規風險投資的資金來源

投資者與創業者的關係	(%)
家庭成員	43.7
朋友或鄰居	29.2
陌生人	9.3
其他親戚	8.9
同事	8.9

從表 17-1 可以看出，創業者的家庭成員是他們創業的主要資金來源，佔 43.7%；其次為朋友或鄰居，佔 29.2%；再次為陌生人，佔 9.3%；最後是其他親戚、同事，各佔 8.9%。而所謂的「陌生人」與創業者既非親朋好友，又非鄰居和同事，這種人的投資完全是一種商業行為。他們看準了創業者本人、創業的項目和市場，願意承擔投資風險，以獲取潛在投資收益。嚴格地說，他們是真正意義上的天使投資人。

廣義的天使投資指投資者用自己的錢，對於種子期或創始期企業給予資金支持的行為，包括家人的拆借，也包括親戚朋友之間的解囊相助。而狹義的天使投資僅指那些依賴於自己的資金，並以投

資為職業(或作為主業或作為副業)的,針對項目的盈利前景或針對項目執行人的能力、人品、經驗、責任心、奉獻熱情等素質,以期獲取高額投資回報的投資行為。嚴格意義上說,天使投資家所投的對象是和自己沒有任何親朋關係的陌生人。因此,投資者與被投資者的關係是天使投資廣義和狹義定義的重要區別之一。

狹義上的天使投資僅指那些以權益資本向創業企業進行種子期/早期投資的資本運作模式,因此天使投資是非公開權益資本的一個子範疇。而廣義上的天使投資還包括其他投資模式:如短期拆借、延期付款、企業商業信用等其他借貸資本形式。

也有人把天使投資的定義進一步推廣,包括所有個人的權益資本投資,不僅是種子期和早期投資,還包括中晚期的權益資本投資,只要不是機構,而是個人的權益資本投資,都可以認為是天使投資。這種定義有別於目前世界各國普遍認可的天使投資的定義:天使投資與項目/企業的種子期或早期融資相聯繫。

天使投資的定義有如下要素:

⑴個人投資行為;

⑵個人用納稅後的資本進行投資;

⑶投資於種子期/早期(具有巨大發展潛力的)項目或企業;

⑷投資模式為權益資本投資;

⑸投資於「陌生人」的項目或企業(以有別於 3F 投資);

⑹投資後處於「非控股」地位;

⑺耐心資本;

⑻流動性差,投資後很長時間所投資本不能流動;

⑼高風險,高回報。

一般地，廣義的天使投資是指以自己的資金從事企業首輪外部投資，以期獲取利潤的投資行為，它包括股權投資，也包括任何形式的債權投資。狹義的或更嚴格意義上的天使投資則是指職業投資人以自己的資金向具有巨大發展潛力的企業所進行的種子期/早期的非控股的、投資期限相對長的，具有高風險、高潛在回報的權益資本投資。

這裏有一個概念需要澄清。我們常常把「高風險」和「高收益」聯繫在一起，似乎投入高風險是投資者的選擇。事實上，不是投資者喜愛風險，而是他們追逐高收益，而為了獲取高收益，投資者不得不承擔高風險。如同風險投資家一樣，天使投資家投資的目標項目不是高風險，而是高增長，他們把資本投入那些具有巨大發展潛力的項目，以期獲取高收益。

心得欄 _____

_____

_____

_____

_____

_____

18 天使投資的特徵

天使投資被稱為「非正規風險投資」。對比風險投資來，天使投資往往是分散的、小規模的和非正規的。天使投資具有如下特徵：

1. 投資額度偏小

首先，由於天使投資家是一種分散的、個體的、小規模的投資模式，它的投資往往規模比較小。以美國天使投資為例，2006 年，美國天使投資總規模為 256 億美元，和當年美國的風險投資總規模幾乎一致。不同的是，天使投資共投入了 51000 個項目，而同等額度的風險投資卻僅投了 3416 個項目：前者平均每個項目的投資額約 50 萬美元，而後者則為 750 萬美元，是前者的 15 倍。由於每筆投資額度較小，同樣的資本金，天使投資可以支持更多的初創企業，對於種子期的企業來說，天使投資不是「錦上添花」，而是真正的「雪中送炭」。

2. 投資期限偏早

進入 21 世紀以來，風險投資越來越有向晚期投入的趨向。這種風險投資「PE」化的傾向不僅存在於風險投資界，也存在於世界各國，包括美國風險投資界（見圖 18-1）。

不難看出，風險投資均轉向投資於中晚期項目。在企業發展的擴張期投資往往是被看作風險投資的投資特徵，而這種狀況正在發生變化。

圖 18-1 中美風險投資：雙雙向後期轉移

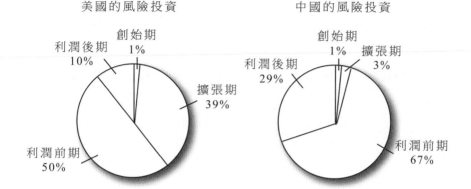

美國的風險投資

中國的風險投資

如圖 18-1 所示，2007 年，在美國風險投資投向創始期和擴張期的資本佔風險投資總額的 40%，而其總資本的 60%投入了企業發展的中晚期。

事實上，全球風險投資都或多或少具有這種「PE」化的傾向，各國風險投資都有向晚期投資的趨勢。

以全球風險投資第二輪投資的中值為例：從 2002 年到 2006 年，美國的風險資本每輪投資額增長了 12.5%；歐洲增長了 100%。這些數字說明了什麼？這說明風險投資正在越來越向晚期投資轉型。這種風險投資「向北走」的趨勢可由圖 18-2 表示。

所謂「向北走」是指風險投資的投資額越來越大，每筆投資風險投資「向北走」，使得創業企業的早期融資更加困難，企業種子期、創始期的資金供給不能滿足資本需求，出現了明顯的資本缺口，加深了企業早期投融資之間的矛盾。有矛盾，就有解決矛盾的動力；有困難，就有機會。這種資本缺口的形成一方面對於創業企

業造成了巨大的資金困難；另一方面，也為進行企業早期融資的資本造成了空前的機會。而天使投資正是彌補這一缺口的重要資金來源。也正因為天使投資的這一性質，各國政府以及各地方政府都從某種程度上出台了各種優惠政策，包括稅收政策以鼓勵天使投資在本國或本地區投資，從而進一步推動當地創業企業的發展，尤其是高科技創業企業的發展。

圖 18-2　風險投資「向北走」

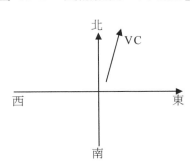

3.投資風險偏高

　　天使投資的這一特徵是與其投資期限偏早密切相關的。一般地，投資期限越早，投資風險就越高。在企業創立的早期，尤其在其種子期，企業的技術還沒有達到中試，其產品還沒有得到市場的承認，其經營模式還沒有經過商業競爭的洗禮，其管理團隊還沒有受到各類的考驗，一切的一切還在嘗試階段，種種不可預測的變數，種種不可避免的不確定性都會造成新的問題、新的矛盾。在這個階段投資，投資者所承擔的高風險可想而知。

　　然而，「高風險、高潛在收益」是金融的基本要素之一。正因為天使投資的這種高風險，一旦成功，它的收益也是相當可觀的。

天使投資家由於投資自己的錢，他們具有較強的風險承受力。天使
投資家勇於承擔風險，以資金和自己的寶貴經驗扶植初創企業的精
神自然也能夠得到豐盛的收穫。

圖 18-3 可作為解釋「高風險、高潛在收益」的理論基礎。向
創業企業投資的期限越早，其潛在風險越高，預期未來收益也相應
越高。否則，就沒有人向早期項目，尤其是種子期項目投資。當然，
預期收益高，並不是說高風險就一定會有高收益。如果未來預期收
益是確定無疑的，自然沒有「高風險」可言。

圖 18-3　天使投資：高風險、高潛在收益

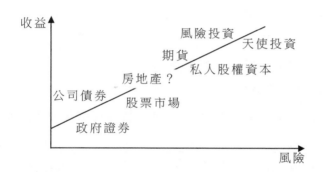

相比風險投資，天使投資的投資期更早，潛在風險更高，其未
來預期收益也就越高。風險投資比私人權益資本更具有高風險、高
未來預期收益的特徵。一般地，投資於政府證券風險最低，其未來
預期收益也相對較低。房地產投資的情況就比較複雜。20 世紀末、
21 世紀初，房地產價格在全球各個國家普遍攀升，呈現了房地產泡
沫。

4.投資成本偏低

與風險投資相比，天使投資的投資成本略低一些。天使投資與

風險投資的最大區別在於：風險投資家是投資別人的錢，而天使投資家是投資自己的錢。投別人的錢，自然受別人的監督與控制，監督與控制會提高以代理成本為主的交易成本；而投自己的錢，代理成本趨於零，交易成本也可大大降低。

典型風險投資的運作往往採取有限合夥制。在有限合夥制下，投資者是有限合夥人(Limited Partner，LP)；而風險投資家則是資金管理者，是一般合夥人(General Partner，GP)。由於投資者不是投資管理者，必然產生管理、監督成本，這種成本可以用代理關係闡述。總之，由於風險投資家是管理別人的錢，他們與投資者之間形成委託代理關係，產生委託代理成本。而天使投資家是投資自己的錢，天使投資在這個層面不產生委託代理成本。僅此一點，就使得天使投資的投資成本相對較低。

5.投資決策偏快

天使投資的這一特徵與天使投資的其他幾個特徵相關聯：由於天使投資家投入的是自己的資金，自己覺得項目可行即決定投資，決策時沒有中間環節，自然投資速度也相對較快。與此相反，風險投資的主體是一種機構投資者，他們對於任何一個項目要反覆推敲，盡職調查，有時需要風險投資公司內部一般合夥人的協商、討論，最終決策。與他們不同，天使投資家則在對於所投項目具有較大的把握的情況下迅速做出投資決策。這種決策是天使投資家憑藉自己的投資經驗，甚或自己的投資直覺在短期內做出的。

綜上所述，天使投資具有投資額度偏小、投資期限偏早、投資風險偏高、投資成本偏低、投資決策偏快的特徵。

19 VC 投資分眾傳媒公司

2005 年 7 月 13 日，美國東部時間 8 點 30 分，分眾傳媒公司創始人，32 歲的財富新貴江南春，站在紐約納斯達克證券交易所門前，仰望著那個早已為國人熟識的巨大的電子屏。也就在這一天，分眾傳媒股票(FMCN)在納斯達克正式掛牌交易，從此在中國創造了一個傳媒帝國。

大學時代，江南春是頗有名氣的中國華東師大「夏雨詩社」社長，並且他還出過一本詩集《抒情時代》。江南春的人生轉捩點出現在華東師大學生會主席的競選中。據說，江南春的勝利主要得益於他的口才和事先充分的準備工作。一個廣為流傳的版本是：當時江南春找了很多系的學生會主席，一頓十元、十幾元錢地請吃飯，溝通想法兼拉票。

江南春上任不久，上影屬下的一家廣告公司到學生會招聘兼職拉廣告。由於這家公司的負責人是江南春的校友，並且還是他的前任詩社社長，江南春的應聘自然順利。他的第一個客戶是匯聯商廈，並且給了 1500 元讓他做影視廣告策劃。江南春連夜寫了劇本，隨後客戶痛快地投入了十幾萬拍廣告。第一單的成功，讓原本準備只幹一個月的江南春打消了回校過愜意生活的念頭，於是他把學生會的工作放下，全身心幹廣告，沿著淮海路「掃」商廈。1993 年，江南春所在的廣告公司一年收入

400 萬，其中 150 萬來自江南春的貢獻。

　　1994 年，當他到大學三年級時，21 歲的江南春籌資 100 多萬成立了永怡廣告公司，自任總經理。到 1998 年，永怡已經佔據了 95% 以上的上海 IT 領域廣告代理市場，營業額達到 6000 萬至 7000 萬元人民幣，到了 2001 年，收入達到了 1.5 億。永怡的輝煌持續了幾年，終於在中國 Internet 嚴冬到來的時候畫上了句號。在 2001 年後，成千上萬的網站紛紛倒閉，江南春的廣告公司利潤一落千丈。

　　為了維持運轉，習慣做大買賣的江南春也接起了餐廳的小廣告，這一年裏他每天都在熬日子。

　　然而在廣告代理業辛苦打拼七八年的江南春，卻清醒地意識到一點：在廣告產業的價值鏈中，廣告代理公司處於最下游，是最脆弱的一環，賺很少的錢，付出最多的勞動。作為其廣告客戶和好朋友陳天橋的一席話，更觸動了江南春轉型的念頭：為什麼非要一直在廣告代理的戰術層面上反覆糾纏，不跳到產業的戰略層面上去做一些事情呢？因此在 2002 年，江南春決定另闢蹊徑，開創一個新的媒體產業。

　　其實這個想法源於一次偶然，那天他正百無聊賴地等電梯，他不經意間發現在等電梯的人都同樣無聊，而這時大家眼前的電梯門不就是很好的廣告投放點嗎？

　　2002 年 5 月，29 歲的江南春把自己 2000 萬的家底全部拿出來，鎖定上海最高級的 50 棟商業樓宇安裝液晶顯示器。但是面對這種全新的廣告投放模式，客戶們並沒有忙著掏腰包，大家都在觀望。如果沒有客戶投放，對江南春來說就等於每天在

燒錢。

2003 年 5 月,江南春把永怡傳媒公司更名為分眾傳媒(中國)控股有限公司。之後不久,先期積累的 2000 萬在公司成立不久很快就花完,於是他就想到了通過風險投資來融資。江南春曾開玩笑說,他的第一筆風險投資是在廁所裏撒尿時談出來的。因為當時他自己對風險投資並不熟悉,也不會做融資方案,幸運的是他的辦公室恰巧跟軟銀中國的辦公室在同一層。但平時大家不熟悉,只有在去廁所時大家也許還可以碰上面,於是江南春在每次去廁所時,只要碰到軟銀的人就跟他們講分眾,講自己的創業史。

終於,皇天不負有心人,軟銀上海首席代表余蔚經過一番認真詳細的調查之後,決定找江南春好好聊一聊。三個小時聊完之後,餘蔚已經和江南春達成了初步融資協定。於是軟銀中國就幫江南春寫了份商業計劃書,然後直接轉交給軟銀日本總部。軟銀原本計劃要投 1000 萬美元,但江南春沒有同意,因為他覺得 1000 萬美元投進來,公司就會被更換門庭,因此江南春堅持只接受軟銀 50 萬美元的投資。同時,另外一家 VC 維眾中國也在這一輪投資不到 50 萬美元。這樣,分眾傳媒第一輪不到 100 萬美元的融資到手了。

江南春獲得了第一輪風險投資之後,將其業務從上海擴展到其他四個城市。一年以後,即 2004 年 3 月,分眾傳媒再次獲得注資,與 CDH 鼎暉國際投資、TDF 華盈投資、DFJ 德豐傑投資、美商中經合、麥頓國際投資等國際知名風險投資機構簽署第二輪 1250 萬美元的融資協定。TDF 華盈投資的董事總經理

汝林琪則說：「江南春是個帥才。他創立了樓宇電視這個商業模式，並且在廣告業界有很強的人脈和執行能力。分眾能成功，不僅是提出一個新概念，而是讓這個模式迅速得到市場認同，並能迅速把概念變成盈利的模式，他有這個能力。」分眾第二輪融資的規模原來計劃是接受 600 萬美元～800 萬美元，後來擴大到 1250 萬美元。

九個月之後，即 2004 年 11 月，在當時不需要很多資金的情況下，分眾傳媒又完成了第三輪融資，美國高盛公司、英國 3i 公司、維眾中國共同投資 3000 萬美元入股分眾。高盛直接投資部董事兼總經理科奈爾說：「高盛對分眾傳媒進行了詳細深入的分析，對其取得的業績感到驚訝和讚賞，看好其創造的商業樓宇新媒體的市場前景和商業模型，完全可以確保其在未來的發展過程中將繼續保持極高的成長性。」

後來的發展證明江南春的決策是對的，因為他獲得了大量的資金支援，使得其網路規模得以迅速擴張，並且能夠配合市場需求的迅速增長，所以這種方式對公司的效益提升很大。

2005 年 7 月 13 日，分眾登上了 NASDAQ 證券市場。上市以後，有了更多資金的支持，江南春把這種商業模式擴張開來，將其新媒體的版圖一步一步擴張到涵蓋樓宇、Internet、手機、賣場、娛樂場所等。通過兼併收購的方式，分眾傳媒吃下了框架傳媒、聚眾傳媒、好耶、璽誠傳媒等大大小小的競爭對手，其中，聚眾、好耶、璽誠甚至都是在上市之前的最後一刻才被收入囊中。如表 19-1 所示。

分眾傳媒的成功，不僅僅是創造了一個新媒體的帝國，更

是帶動了中國整個新媒體產業的極大發展，戶外新媒體行業在短短三年間，從 2005 年的 8 起投資案例，發展至 2007 年的 26 起；而涉及的投資金額，從 2005 年的 5660 萬美元，到 2007 年上升至 3.74 億美元。一批沿襲分眾模式的後來者們，在隱身其後的資本鞭策之下，在各自領域內興起圈地瓜分熱潮。

表 19-1　分眾 IPO 及主要收購

公司名稱	退出日期	金額（美元）	涉及 VC
璽誠傳媒	2007-12-10	3.5 億	上海實業控股、集富亞洲、華盈基金、紅點投資、美林公司、住友亞洲、和通集團
好耶	2007-3-28	2.25 億	IDGVC、IDG-Accel、橡樹投資
聚眾傳媒	2006-1-9	3.25 億	上海市信息投資、凱雷投資
框架傳媒	2005-10-18	1.08 億	IDGVC、漢能投資
分眾傳媒	2005-7-13	8 億	高盛、3i、維眾投資、鼎暉國際投資、華盈基金、德豐傑、中經合、麥頓、軟銀中國

當然，分眾傳媒的上市，也讓投資分眾的 VC 賺得盆滿缽滿。同時，投資框架、聚眾、好耶、璽誠等公司的 VC 也收益頗豐。

分眾傳媒可能是中國涉及 VC 最多的創業企業，也是讓最多 VC 賺到錢的企業。細心的創業者可能會發現，分眾傳媒也是被 VC 用來作為宣傳用得最頻繁的成功案例。

20 連鎖業如何向天使融資

尋找天使投資固然是一條路，也不是誰都適合，企業至少要具備下面這些特徵：

⑴有不錯的創業團隊，在行業經驗、技術上等有獨到之處。

⑵有創新的商業模式或產品，也許還處於創意階段，企業沒有正式開始運營。

⑶創業企業已經開始運作，已經有了一定的發展，雖然小，但有發展的大機會在。商業模式也得到市場驗證，例如網站訪問量、產品銷售量等都有了一定的數據。

⑷所在的行業並不熱門，可能還沒有吸引 VC 的注意，但潛在空間很大。

⑸創始人已經傾其所有，創業者不應該還開著汽車、住著大房子或者在別人的公司裏兼職。

⑹資金的需求量不大，可能是幾百萬。

讓人津津樂道的天使投資案例，張朝陽得到其老師——美國麻省理工學院尼古拉·尼葛洛龐帝(Nicholas Negroponte)教授的 20 多萬美元天使投資，做成了搜狐網；李彥宏和徐勇借助 120 萬美元的天使投資，創建了百度；田溯寧和丁健獲得了 25 萬美元的天使投資，創建了亞信。

　　創業者在被天使投資人挑選和考察的同時，也要瞭解天使投資人。在跟他們打交道的時候，要確信他們是真正天使，而不是魔鬼。這麼說並不是聳人聽聞，選擇錯誤的合作夥伴，很有可能會毀掉還處於艱難期的創業企業。

　　首先，要瞭解對方，多花點時間研究他們的背景和以前的投資業績。

　　其次，最好是能找到專業的天使投資人，他們懂得投資後的管理，知道如何幫助創業企業，並且他們那裏也有一定的資源可以利用。而偶爾做一兩次投資的投資人或者家人和朋友，他們一旦把錢交給創業者，就會非常關心他，可能隔幾天就要去公司看看，或者每天打電話問問公司情況。剛開始，創業者出於感激，是可以接受和理解的，時間長了，就受不了這種「騷擾」了，而投資者也會覺得企業的發展不像創業者說的那樣樂觀，雙方就會逐漸產生隔閡、矛盾了。

　　另外，由於天使投資人是個人投資者，他們沒有太多的名聲需要保護，這點跟 VC 有很大區別。一般 VC 不會把創業者壓迫到無法容忍的地步，因為如果這傳出去，別的創業者就不會再去找他們了。而天使投資人的交易條款差別很大，由於沒有普遍接受的標準，有時天使投資者的交易條款像 VC 的條款一樣可怕，而有些天使投資者，只用一份兩頁紙的協定就可以投資。創業者可能沒有錢請律師來幫他，所以自己更要小心。

　　有些創業者會遇到願意投資他的天使投資人，投資人的投資方式有兩種，一種是「定價融資」——即天使投資人已經確定了公司的估值，並根據這個估值水準購買公司的股份。另一

個選擇是「可轉換債券」，這種方式不需要馬上確定投資價格。這種類型投資者的股份購買價格會在將來公司進行第一輪 VC 融資時才會確定。

21 天使投資如何思考

一、天使投資人如何思考

投資人認為：「如果我投資了一家公司，我把所有關係網都給了它，我幫他們介紹業務、推薦人才，讓他們在融資時更可信。假如我剛看中這家公司的時候，它才值 100 萬，在獲得我的關係網和資金幫助後，公司現在能夠以 600 萬美元的估值融一輪 VC 資金，我就會損害自己的利益了。50 萬的投資，以 600 萬估值的 30%折扣轉為股份（相當於估值超過 400 萬），得到的股份會遠遠少於以 100 萬的投資前估值所能獲得的 33%的股份。」

天使投資人應該這樣思考：你的錢幫助創業者度過一個非常艱難的時期，而你的錢還冒著很大的風險，因為你不知道 VC 是否會投資這個創意或團隊。你面臨的也是最大的風險，而這個風險在如今這種經濟困難的時期更加顯著，因為這時候 VC 的錢更難找。你當初應該以確定價格的方式做天使投資。

支持這個觀點的天使投資人想法很簡單，「好公司都有很多投

資人搶，而我只想投資其中最好的公司。如果我要花幾個星期的時間去談判估值問題，那我能投資到好公司的可能性就會降低。我寧願在 VC 投資的時候以 30%的折扣轉股，也不願錯過投資這些最好公司的機會。如果經濟形勢變得更糟，那我就會要求更高的折扣，也許是 40%，也許 50%。」

這也有道理，因為很多天使投資人有很好的名聲，他可以給被投資公司提供手把手的幫助，幫助創業者制定公司戰略，直到吸引到 VC 的投資。因此，他確實可以接觸到很多在創建階段的好公司。創業者願意跟他一起合作，也認可他給公司帶來的貢獻。如果創業者有更多的時間去見更多的天使投資人或者早期 VC，先前的天使投資人想要投資的話就更難了。

大部份可轉換債券的天使投資案例都是那些非專業投資人做的。有很多天使投資團體，他們喜歡把錢彙集在一起投資技術公司。有些人之前是賺了一些錢的技術公司的管理者，有些團體是由醫生、律師、房地產從業者等組成。他們不採取確定價格的方式投資，也許是因為他們不大瞭解這些，或者他們認為如果不接受可轉換債券方式，就不能投資到某個公司裏了。

二、企業創業者該怎樣思考

知道了天使投資人對確定早期投資的價格是怎麼想的，那這對你在融資過程中的決策有什麼影響呢？

作為創業者，應該從一群經驗豐富的天使投資人那裏融資，因為這些天使投資人幫助過很多公司，並讓他們從小創意階段成長為

一個個有好產品、可行的市場戰略的優秀公司。在這個階段你考慮放棄公司 10%的股權是沒有意義的，因為公司的最終命運不是成功就是失敗。

別擔心會被聰明的天使投資人佔了便宜，如果他們真的是受人尊敬、持續的投資人的話，他們是不會佔你便宜的，因為，如果他們想用 50 萬換走你公司 50%的股份，那他們也知道公司以後就很難引入 VC 資金了，因為 VC 會發現在投資之前，創始人的太多利益被天使投資人拿走了。

有些知名的天使投資人，他們本身有著創業成功的歷史，也給他們投資的公司提供很多幫助，例如，引入優秀管理團隊、推出一流技術產品，重要的是幫助公司從頂級 VC 那裏融到錢。

大部份公司有兩種結果：要麼非常成功，要麼破產。不幸的是，絕大多數公司最後的結果是後一種情況。如果你正在苦苦融資，那麼你應該從任何你可能拿到錢的地方融資。如果你相信自己的創意一流，而且激情十足，你甚至在創辦一家基於創意的公司，那麼雖然從沒有投資經驗的人手中融資不好，但徹底融不到錢就更糟糕了。

三、VC 對於天使投資結構怎麼想

首先，其實很多 VC 在過去幾年投資過早期的、天使級別的項目。現在很多 VC 知道早期項目投資的風險比他們預想的更大，他們會在公司切實得到更多驗證的時候再來投資 1000 萬元，而不是在公司早期投資 100 萬，所以很多 VC 可能會回到傳統的角色，讓

天使投資者去承擔早期的風險。如果你拿到了天使的錢，VC 會怎麼看呢？

(1)如果從知名的天使投資人手中融到了錢，那麼你再獲得 VC 投資的機會要大很多。

(2)大部份情況下，VC 不關心天使投資是以確定價格還是以可轉換債券的形式。但是，他們會確信你的股權沒有被稀釋太多，因為這是個負面因素。

(3)如果你在跟 VC 談融資之前的兩個月，以很大價格折扣(例如說 30%)的可轉換債券方式做了天使融資，那麼 VC 很可能會抱怨天使投資人獲得的折扣太高，但最終大部份 VC 會接受的，因為可轉換債券的折扣所造成的股權稀釋由創始人承擔，而不是 VC。

(4)如果你有很多天使投資人(例如說有 10～15 個)，而這些人不是專業的持續天使投資人，那麼這可能會產生問題。VC 會擔心有些小投資人會干擾公司的後續融資。任何一個在該行業做了很長時間的人，都會看到過這樣的事情發生。如果你獲得的投資是來自那些沒有經驗的小投資人，要確保聘請一個做過 VC 項目並且經驗豐富的公司律師，給你搭建投資架構，在將來向 VC 融資的時候只需要盡可能少的人簽字認可。

22 天使投資的退出

　　天使投資的提出是天使投資過程中的最後一個環節，但卻是天使投資家最終獲取回報的關鍵環節。退出既是過去的天使投資行為的終點，又是新的天使投資行為的起點。天使投資資本隨著被投企業的成長而獲得了增值，但如果沒有合適的退出管道，這種增值只是賬面上的增值，只有完成了有效的退出才能實現實際收益的增長。

一、天使投資退出的重要性

　　退出對於天使投資家的意義與其對於風險投資家相似。雖然風險投資全過程為四個環節，而天使投資為三個環節。但退出對於二者來說，都是第一個循環的終結，第二個循環的開始。

　　如同風險投資一樣，天使投資家的投資目的並不在於長期經營該企業，而在於投資獲利。在經過一段時間的投資管理之後，天使投資家會退出其所投資的企業，也就是通過一定的方式，將其所擁有的企業產權轉讓給他人或其他的機構。天使投資的退出機制在整個天使投資過程中處於核心地位。這是出於天使投資的高風險、高收益的特性：天使投資家之所以願意承擔巨大的風險，是期望獲取高額回報，而高額回報預期能否實現的關鍵就在於能不能及時且順

利地將資金撤出、變現。

　　天使投資家一旦退出他們所投企業，便完成了天使投資的一個過程。職業天使投資家會以自己的資本金投入到新一輪的資本增值活動中。由此看來，天使資本能否順利退出對天使投資的最終成敗有著舉足輕重的作用。

二、天使投資退出的模式

　　天使投資的退出途徑也大約為三種：成功的退出；失敗的退出；持平的退出。由於天使投資承擔了巨大的投資風險，以及天使投資所需要的相對長的投資期限，持平的退出即失敗的退出。

　　天使投資成功的退出包括：首次公開發行(IPO)、財務型併購、戰略型併購、管理層回購。失敗的退出是指被投企業的清產。此外，一些不好不壞的項目令投資者搔首。例如，受傷型(Walking Wounded)和「雞肋」型(the Living Dead)，指食之無味，棄之可惜。在這種情況下，被投企業並沒有破產，但業績平平，投資者處於進退兩難的境地。

　　上述退出模式中，公開上市是天使投資者和企業家的首選。通過上市，企業獲得了幾十倍乃至上百倍的收益。併購與企業家回購則是較為普遍的退出途徑，雖其收益率往往比不上公開上市，但卻是最現實的退出途徑。至於破產清算則標誌著完全失敗，其損失要由成功企業的盈利來彌補，而企業若成為「雞肋」，則會令投資者感到頭痛。

　　無論在歐洲還是在美國，首次公開發行和併購都是兩種最常用

的方式。對於天使投資來說,後者是最常採取的退出模式。一方面,天使投資是企業初創期或種子期的投資,它的投資期太早,天使投資家有時會在被投企業再融資時退出,如在風險投資家進入的同時退出。另一方面,越是早期投資,其投資期限越長,所投資本流動性很差。如果天使投資家需要資金週轉,他們可能不會等待被投企業最終上市,而是採取購併、回購或股權出售等方式退出。

圖 22-1　美國風險投資退出模式及回報

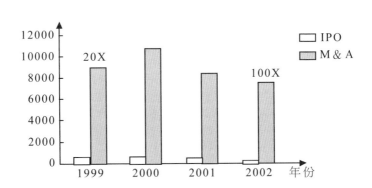

(1)一般地,被投企業往往更偏好採取購併方式退出。不論是在資本市場比較發達的美國,還是資本市場正在逐步發展的地區,採取首次公開上市的方式退出的被投企業仍然是少數。

(2)即便是在 Internet 泡沫盛行,股票市場一片凱歌的 20 世紀末、21 世紀初,首次公開上市(IPO)仍然是極少數被投企業的退出模式。絕大部份被投企業仍然採取兼收、併購的方式退出。

(3)這個圖所表述的是風險投資的退出狀況,而一般情況下,天使投資比風險投資更少採取上市方式退出。

三、天使投資預期回報

一般地，越是早期投資，其投資風險越高，而其預期收益也就越高。天使投資是企業早期，尤其是種子期投資模式之一，它自然就有高風險、高潛在收益的特徵。雖然圖 22-2 數據較舊，但它仍可說明天使投資家作為早期投資者的投資預期回報。

圖 22-2　天使投資預期回報：25%/年

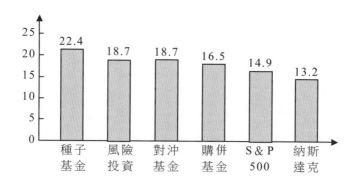

23 連鎖業如何選擇天使投資人

一個十分恰當的比喻，可描繪了天使投資的重要性，種子期/早期投資者就像園丁，而晚期投資者則有些像伐木匠。天使投資家正是這種辛辛苦苦培育幼苗的園丁。

伐木匠在樹木生長的價值鏈中也是重要的一環：當幼苗最終成長為參天大樹時，伐木匠把這些大樹推向市場，幫助它們實現自己的價值。然而，沒有幼苗，就沒有大樹；沒有園丁，焉有伐木匠？

人們往往只看見大樹上市後的價值，而忽略了園丁的重要作用。伐木匠好做，園丁難當。沒有一定的知識、技巧，沒有一定的責任心、奉獻精神，不可能成為一名成功的園丁。

國際中許多知名企業，都是在幼苗階段有幸遇到「天使投資家」作為園丁。例如，谷歌、亞馬遜、Cosco、福特汽車、貝爾實驗室，等等。我們應當大量提倡園丁精神，鼓勵有資力、有經驗的人們成為育苗的園丁，成為培養連銷企業的天使投資家。

連鎖業者向天使投資家融資，與天使投資家向連鎖業者投資是同一個過程的兩個側面。交易的形成是要根據雙方的意願。天使投資家是連鎖業者身後的創業者。他們的目標是一致的，即如何把企業建設好。從某種意義上說，投資者與創業者的結合像是一種婚

姻，二者一旦結合，就變成一家人。一個美滿的婚姻是需要雙方的
努力的，一相情願是不可能成功的。與天使投資家以各種方式考量
連鎖業者一樣，連鎖業者也常常對於潛在天使投資人作一番考察。
雙方都有一個選擇的過程。那麼，從企業的角度，如何獲取天使投
資？如何選擇天使投資人？下述三個方面可供參考：

1.「合格投資者」

連鎖業者首先要考察天使投資家是否符合「合格投資者」的身
份。雖然沒有這個身份也可能是一個出色的天使投資家，但在不太
熟悉對方的情況下，企業應當首選具有「合格投資者」身份的天使
投資家。

2.「聰明錢還是傻錢」

連鎖業者要考察天使投資家是否具有一定的經驗和經歷，能夠
在企業成長過程中給予一定的非金錢的支持。不要低估天使投資家
的潛力。在過去，連鎖業往往認為尋求天使投資比尋求風險投資容
易，但這種想法顯然已經過時。連鎖業者必須做好準備，天使投資
家的要求越來越接近於風險投資家，他們同樣要求一個出色的團
隊，一種非凡的技術創新，一個具有巨大潛力的市場。

3.「投資者加輔導員」

連鎖業者應當心甘情願地勤向天使投資家尋求意見和指導。許
多天使投資家不僅僅是為了賺錢，他們更喜歡幫助一個初創企業成
長，他們喜歡捲入這種創業的衝動，他們喜歡捲入企業從小到大的
過程，他們喜歡把自己過去的經驗和教訓與年輕的連鎖業者分享，
他們在幫助連鎖業者的過程中找到了自我的價值，得到了精神的充
實和滿足。天使投資家最不喜歡的是自以為是的連鎖業者，他們往

往不會把自己的資金投給自高自大的企業家。連鎖業者要理解天使
投資家的胸懷。許多天使投資家已經在事業上獲得成功，他們做投
資在一定程度上是「回報」於社會，「回報」於使得自己成功的社
區或社團。他們的投資有尋求回報的意義，也有尋求奉獻途徑的意
義。他們一方面希望通過投資而賺錢；另一方面，他們也希望通過
自己的資金扶植一些真正具有創業精神的企業家。

24 天使投資對連鎖業者的看法

連鎖業者有時會覺得向風險投資家融資太難，而從天使投資家
那裏融資又何嘗容易？他們有時會抱怨天使投資家沒有慧眼識
珠，但連鎖業者應當檢查一下自己的不足，反省自己的欠缺。他們
應當瞭解天使投資家的思路，在選擇投資項目時，天使投資家是怎
麼考慮的。為什麼一些項目更容易獲得天使投資家的青睞？什麼是
天使投資家不喜歡，也不會投資的項目？是什麼原因使某些項目很
難獲得天使投資呢？

在天使投資家看來，創業企業融資時，往往存在最致命的幾個
弱點：

(1)沒有準備一份完整的商業計劃書。沒有一份經過自己辛勤造
就出來的商業計劃書，是不可能實現融資願望的，而天使投資家幾
乎每天都接觸很多份商業計劃書。他們一眼就能夠看出創業者在這

裏面下了多少工夫。商業計劃書絕不是用手寫出來的，它是用連鎖業者的腦子、眼光、膽量、能力、夢想編織出來的。

⑵認為企業所開拓的市場不是朝陽市場，企業的發展前途會受到局限。如果連鎖業所處的行業沒有很大的發展餘地，再好的創意也很難為投資者獲取高額收益。

⑶過多地強調創業的商業設想，而闡明自己的執行力過少。創業者是理想主義者，他們往往看到光明的前途，而忽視到達那個前途的路途的艱辛。成功的企業靠理想，更靠艱苦的、夜以繼日的努力。一個強有力的管理團隊是創業企業成功的根本保證。

⑷沒有充分估計自己在最困難時刻所需要的資金量。美國銀行做的一項調研指出，79%的創業者失敗是因為沒有足夠的資金，很多創業者在財務計劃方面知識欠缺，他們往往對企業正常運作所需要的資金量缺乏充分的認識。

⑸很多連鎖業者喜歡借款，而不大情願稀釋自己的股權。而他們不清楚，債權人與投資人的區別在於，前者只給予金錢，後者還給予智慧、經驗、關係網。如果連鎖業者只想獲得資本金，而不願意出讓股權，就會給天使投資帶來不可逾越的障礙。

⑹有時企業家對自己的企業估值過高。雖然天使投資家很看好這個項目，也願意投資，但無奈企業家要價太高。如同風險投資一樣，天使投資的過程也是買賣的交易過程。在這個過程中，天使投資家是買方，而連鎖業者是賣方。天使投資家是用自己的資本購買連鎖業者企業的一部份股權（天使投資也屬於「買方金融」，這個問題我們將在第四章展開討論）。買方只有在他們認為合適的價格條件下才願意購買。買方希望價格低些，而賣方希望價格高些。這些

願望都是可以理解的，但如果買賣雙方對於企業的估值差距太大，二者給出的價格相差太遠，交易是不會完成的。

(7)沒有適當的法律文件保護。如果連鎖業者擁有知識產權，就應當有適當的保護文件，如專利、商標等。

(8)不知道如何做好現金管理。由於連鎖業者大都具有科技背景，他們中很多人都不太懂得金融與財務，不知道如何控制支出，如何開源節流。而一個企業就像一個家庭一樣，不管收入多高，只要不控制支出，仍然可以負債累累。對於這樣的企業，天使投資家的資金像投入了無底洞，再好的項目也不可能成功。連鎖業者在尋求天使投資時，應當知道對方的思路，瞭解天使投資家的顧慮。

25 天使投資的成功案例

Google 的創始人 Lany Page 和 Sergey Brin 都畢業於同一個專業——電腦專業，但他們的合作卻是個巧合。兩個人都具有鮮明的個性，他們幾乎在所有問題上都持有不同的觀點，因而經常激烈地辯論。在無休止的爭辯中，他們竟然發現了共同的興趣——如何從一堆數據中找出相關信息。而這正是信息檢索，搜索引擎的基本問題。1996 年年初，兩人開始合作開發叫做「Back Rub」的搜索引擎，這種全新的技術能分析出給定網站的相關背景的鏈結。用過這種技術的人們都對它贊口不絕，

通過口口相傳，這種技術就迅速流行起來。

「Back Rub」踏上了向 Google 轉變的路，但這一路卻充滿了艱辛，最大的困難莫過於資金缺乏。正如其他年輕的創業者一樣，資金的緊缺成了阻礙他們事業發展的巨大瓶頸。為了使技術變得更加完美，他們貸款購買了百萬位組硬碟，卻為還不上信用卡上的欠款而不知所措。Google 的第一個「數據中心」竟然就建立在 Larry 的狹小宿舍內。

面對重重困難，Larry 和 Sergey 只好選擇自己成立專門的搜索引擎公司，把這個「尚在繈褓」中的搜索技術繼續開發下去，培養壯大。其實，成立這樣一家公司所需要的資金並不太多，但他們當時財力已盡，連把數據庫從 Larry 宿舍中搬出去的錢都沒有。他們別無他路，只得求助於天使投資了。一次偶然的機會，他們與 Sun Microsystems 的創始人 Andy Bechtolsheim 邂逅。Andy 是一位經驗豐富的投資人，對於 Larry 和 Sergey 的創業計劃書，他只掃上幾眼就認定這是個有發展潛力的公司。他並沒有深入地詢問細節，就爽快地交給他們一張 10 萬美金的支票。有趣的是，支票的抬頭寫的是 Google 公司，而那時，Google 還沒有正式註冊，兩位年輕人費了一番週折才正式註冊了 Google 公司。如果沒有 Andy 的 10 萬美金的天使投資，人類可能就不會享受到 Google 為我們帶來的便捷服務了。

在天使投資的幫助下，Larry 和 Sergey 在朋友家的車庫裏建起了小型的辦公室，建成了 Google 最初的數據庫，每天回答著數以萬計的搜索請求。Google 迅速登上了《今日美國》、《世

界》等知名雜誌，並位列 1998 年 PC 電腦雜誌網頁、搜索引擎排行榜的 TOP100。在 Google 的快速成長期，它吸引了大量的客戶(每天回答 50 萬個詞條搜索)，更重要的是，Google 開始吸引專業風險投資機構的關注。

1999 年 6 月，Google 得到了紅杉資本(Sequoia Capital)和 KPCB(Kleiner Perkins Caufield & Byers)這兩個最著名的風險投資機構總計 2500 萬美元的注資。隨著資金一同前來的還包括一些著名的管理高手和運營專家，從技術和行銷等諸多方面，Google 都得到了前所未有的充實，Google 迅速地達到了每天 1 億個詞條的訪問量。

至此，天使投資者基本完成了使命，此後他們所要做的就是欣喜地看著 Google 成長壯大。2004 年 8 月，Google 在 NASDAQ 上市，上市首日股價就大幅上漲，相信此時「天使」們獲得了豐碩的投資回報。

Google 成長為搜索引擎業巨擘只用了不到 10 年時間，一方面，Google 明智地選擇了天使投資；另一方面，天使投資正確無誤地選擇了 Google。

26 連鎖業態的兩大投資機會

連鎖業的投資發展好機會，大致可分為「產品型」和「服務型」兩種，說明如下：

一、「產品型」連鎖業的機會

連鎖企業的發展史，開始於 20 世紀，站在未來的角度看，人口數量及其消費潛力，以及快速增長、快速變化的市場特徵，決定了以產品為主的連鎖零售企業的投資機會還是相當大的。

從較成功的連鎖企業來看，成功者幾乎都是零售業、餐飲業和專業服務行業，其中以零售業的比重最大。

「產品型」連鎖企業（以產品為主的連鎖零售企業）的投資機會，在不同的連鎖細分業態，投資機會不同。（參見表 26-1）

從總體上看，以產品為主的連鎖零售企業的投資機會，主要有：

第一等級：網上商店

網上商店是一個發展趨勢，與各個行業、連鎖企業結合的機會非常大，與其他銷售形式結合的機會也非常大。

表 26-1 「產品型」連鎖企業的投資機會

連鎖細分業態		備註
食雜店		發展空間一般，適合個人投資者進入
便利店		發展空間一般
折扣店		發展空間比較大，主要發展方向為品牌化、社區化或者城郊化
超市		發展空間不大
大型超市		發展空間一般，主要發展方向為社區化
倉儲會員店		發展空間一般
百貨店		發展空間一般
專業店		發展空間非常大，主要發展方向為社區、鬧市區
專賣店		發展空間非常大，主要發展方向為「店中店」模式，獨立店模式要視品牌和具體市場情況而定
家居建材商店		一線城市發展空間不大，二、三線城市還有機會
購物中心 A 類：社區購物中心		發展空間非常大，新出現的社區有很多商業空白
購物中心 B 類：市區購物中心		發展空間一般，主要發展機會在於城市的老牌商貿中心或者新興的商業中心
購物中心 C 類：城郊購物中心		發展空間大
廠家直銷中心		發展空間一般
電視購物		發展空間大，與其他銷售形式結合效果更好
郵購		發展空間大，與其他銷售形式結合效果更好
網上商店		網上商店是一個發展趨勢，與各個行業、連鎖企業結合的機會非常大
自動售貨亭		人口密集，其他零售業態非常發達，自動售貨亭發展空間受到壓制，主要在一些寫字樓銷售不錯
電話購物		發展空間一般，與其他銷售形式結合，效果更好

第二等級：專業店、專賣店、社區購物中心

專業店，主要發展方向為社區、鬧市區；專賣店，主要發展方向為「店中店」模式，獨立店模式要視品牌和具體市場情況而定；社區購物中心，發展空間非常大，新出現的社區有很多商業空白，因為城市的居住狀況正在快速的城郊化和郊區化，而商業是跟著人走的，人口變動是商業變化的主要決定因素。

第三等級：折扣店、城郊購物中心、郵購

折扣店的發展空間比較大，主要發展方向為品牌化、社區化或者城郊化。

城郊購物中心的發展空間大，在城郊區域居住著最大部份的中間階層，消費潛力非常大，給投資帶來的商業機會也非常大。

郵購的發展空間大，主要發展方向是與其他銷售形式結合，效果會更好。

二、「服務型」連鎖業的機會

在以提供服務為主的領域，凡是沒有行業前三名或者行業集中度不高的細分市場上都有連鎖投資機會，該細分市場的利潤率越高，投資機會越大，因為市場競爭還不激烈，還不充分。

相反，那些有了行業前三名或者行業龍頭的行業，投資機會就比較少了。

<服務型>連鎖業的熱門投資機會可能在那些領域出現？

1. 教育

調查發現，連鎖經營模式正在以更快的速度和廣度導入到教育

行業中，從而提升了教育行業發展的速度和品質。

社會對各方面教育的重視，都有可能在以下細分市場產生投資機會，例如：

應試教育的高燒不退，催生課外輔導市場；

工作競爭壓力有增無減，催生教育培訓、繼續教育市場；

農民進城，催生職業技能教育；

城市家庭對嬰幼稚教育的重視，催生嬰幼稚教育與服務市場；

城市富裕家庭對子女教育的重視，催生低齡留學群體及其服務市場。

2.房產服務市場

例如，在房產服務市場上，住宅裝修細分市場上，已經有東易日盛、葉之峰獲得了風險投資的青睞；房產仲介市場上，21 世紀不動產、順馳不動產風頭正勁；另外，值得注意的是，在樓宇清潔和維護市場，在建築節能市場上，等等，也許會有新的商業模式和公司探索成功。

3.旅行服務市場

旅行服務市場已經誕生了攜程、如家等上市公司，事實上這個市場仍然非常大。例如，高端旅遊市場上，還沒有一家知名的旅行服務商。

又例如，在旅店市場上，雖然如家酒店連鎖已經佔據領先位置，但它的定位是經濟型酒店細分市場，而在三、四星級酒店細分市場上，目前還沒有一個知名的連鎖品牌。

4.汽車後市場

隨著汽車進入家庭的進一步普及，城市居民汽車生活時代的到

來，市民駕車出行習慣的形成，汽車後市場潛力無窮。

目前，汽車後市場的細分市場上已經出現了不錯的商業模式和先驅企業，例如上門養護業務、至尊租車的租車業務，這兩家公司都已經獲得了風險投資的青睞。因此，如果有合適的商業模式，摸索成功將會是一塊大領域。

5.美容市場

對於女性來說，美容是必需的，消費群體的比例非常高，消費金額也非常大。因此，美容市場，已經出現而且還將會出現連鎖服務企業的投資機會。

6.醫療健康市場

對於城市家庭來說，醫療是必需消費，而且人們對健康越來越重視，願意在醫療健康上投入。同時，城市家庭的醫療健康支出正在進行著消費升級：從「有病才花錢」到「無病也花錢」，從「漠視健康」到「防治」再到「身體要強壯」，在醫療健康市場的不同領域、不同層次，都會有連鎖服務企業的投資機會。

7.其他市場機會

新興市場、轉軌時期、人口紅利、超寬層次，國情決定了——市場與世界其他任何國家都不一樣，有著其他任何國家不可比擬的商業機會。

例如，物流企業也採用連鎖經營方式——這樣的商業創新，很多人難以想像得到！

2006 年 3 月，中國的愛普司企業集團旗下的全國首家物流連鎖企業愛普司運輸服務有限公司正式進入上海，其第一家上

海分公司正式揭牌營業。

　　愛普司企業集團是一家跨地區、跨行業，以物流、運輸、信息諮詢、物流培訓為一體的企業集團，其旗下還擁有廣告、遊艇等各類型的企業。作為華南地區物流行業內巨頭，愛普司運輸服務有限公司已經將其分公司拓展至上海，與中國外各大物流業龍頭企業進行貼身肉搏。華南地區物流巨頭進軍業內競爭最為激烈的上海，主要是為了搶佔全國市場的制高點，以居高臨下的態勢加快其透過加盟連鎖方式佈局物流網路的速度。

　　愛普司集團總裁賈雪鹿表示，在上海區域的加盟店控制在10家，由於愛普司有嚴格的加盟商區域保護政策，最大限度地保證所有加盟商的利潤，因此愛普司在上海透過規劃論證後，制定了這個上海區域加盟商的數字。

　　截至2006年3月進入上海前，愛普司運輸服務有限公司透過加盟連鎖的模式已經成功地在全國範圍內整合了近60家物流企業。

　　愛普司加盟的條件為最低10萬元人民幣的創業準備金。總公司將會首先對加盟商提供半年的經營培訓，並且對於缺少運輸車輛的加盟店，總公司也將會予以支持。而愛普司則透過這樣的方式完成其遍及全國的網路佈局，加大市場佔有率。

27 VC/PE 選擇連鎖企業的標準

VC 意即 Venture Capital，意思是「風險投資」或「創業投資」；PE 是英文 Private Equity 的簡稱，意思是「私人股本」或「私募股本」。

VC 和 PE 的相同點是，都投資於有發展潛力的企業，用資金換得企業的股權，等到企業做大後，再透過上市或者併購等方式退出。兩者都在企業發展的關鍵階段，給企業帶來急需的資金，帶來更多的資源和發展策略，甚至改變行業格局和競爭規則，成為企業的「幕後創業者」和「幕後締造者」。

「風險投資」或「私募股本」兩者的不同點是，VC 一般投資沒有盈利的創業企業，而 PE 一般投資已經有盈利的成長型企業。不過，由於投資市場的激烈競爭，現在 VC 也投資有盈利的成長型企業，VC 和 PE 的界限已經非常模糊。

1. 業務與市場(B：Business)

在資本市場上，投資高成長企業才有高回報。美國風險投資主要投資 IT、生命技術和清潔技術三個領域。具有成長空間或者高速成長的行業，才會孕育出高成長甚至是爆炸式成長的企業，不同的市場規模決定了其中企業的發展空間。

因此，VC/PE 的普遍投資標準之一就是：業務與市場。

在投資圈裏有一句話叫「先選行業，然後再從行業中選企業」。

這句話其實說的是一個意思：VC/PE 機構首先會看這個公司所做的產品或服務的市場規模有多大？這個市場處於發展初期，還是已經飽和？等等。只有這個產品或服務的市場足夠大，處於其中的公司才有足夠的成長空間。

有一家名為「找錢研究院」的開放式研究機構提出了「產業分類樹」的項目選擇和遴選原理。

「產業分類樹」原理的作用在於，投資者每天都要面對大量商業計劃書，但邏輯清晰和定位準確的卻非常少。有了產業分類樹的協助，投資者就可以從宏觀上握投資熱點和各個細分行業的未來發展趨勢。對於創業者而言，有了產業分類樹做參考，就可以少走別人已經走過的路，節省了大量的時間、資金和機會成本。

「產業分類樹」在分類結構上有所突破。與傳統的產業分類只做兩級劃分「產業——行業」不一樣，產業分類樹將分類擴展到三級「產業——行業——業態」。另外，傳統的「產業——行業」分類方法中產業與行業之間的「包含/屬於」關係，也被「細分/交叉/融合/消失」所取代。這是一個革命性的進步，同時有助於投資者和創業者選擇項目。

2.團隊(T：Team)

創業管理團隊的創業精神、激情、責任心、事業心和能力，是一個項目能否成功的關鍵。

在投資圈中有兩個流派：「投人派」和「投事派」。

「投人派」認為，投資就是「投人」，先有人後有事，沒有這個人就沒有這個事，事在人為，「人」尤其是創業管理團隊是項目中最革命性、最活躍、最關鍵的因素。就像前幾年 VC 圈裏流行的

一句話：寧可投「一流的團隊、二流的商業計劃書」，不投「二流的團隊、一流的商業計劃書」，因為把「二流的商業計劃書」改變為「一流的商業計劃書」比較容易，而把「二流的團隊」改造為「一流的團隊」非常難。

「投事派」認為，「事」的性質、高下決定著公司的發展方向，而「人」尤其是創業管理團隊的差異、優劣決定著公司的發展高度。在很多時候，「事」的性質、高下，已經基本說明了「人」尤其是創業管理團隊的差異、優劣。

「投人派」和「投事派」各有側重，都符合邏輯，也都在實踐中得到了成功檢驗。

聯想投資公司的投資理念——「事在先、人為重」。聯想投資公司第一次在中國投資界提出了「人」、「事」並重的投資理念，在鮮明地提出了「事在人先」觀點的同時，更加注重「人」和「事」的匹配性。可以看出，聯想投資公司的投資理念和投資圈中的「投人派」和「投事派」兩個流派有明顯的區別。用通俗的語言來說，聯想投資公司要投資的企業，首先是「一流的事情」，同時還得有「一流的團隊」。

在火熱或者狂熱甚至近乎瘋狂的投資界，聯想投資堅持原則、堅守理念，不冒進、不盲從、不衝動、不跟風，律人嚴而律己更嚴。精選項目，精心呵護，與創業團隊坦誠相待、一條心、同呼吸、共命運，鼎力推進企業高速成長、成功登陸資本市場，項目退出比例高，業內口碑非常好，這的確是一家負責任的風險投資機構的作風。

「『事在先，人為重』一直是聯想投資的投資理念，所有的投資項目都遵循這個原則。」所謂的「事」就是指所處的行業，看其

是不是朝陽行業、符合市場需求、政府支持力度多少及發展前景
等;「人」就是創業管理團隊,特別是當家人的素質,只有兩者兼
具,兩者匹配,聯想投資才會投資。

「事在先,人為重」一直是聯想投資的投資理念,所有的
投資項目都遵循這個原則。

2007 年 4 月,聯想投資入資星期六鞋業。

從「事」的方面看,近幾年,消費者越發關注品牌,講求
符合自己的需求。市場空間有了,就要看這家企業在行業中的
發展情況。星期六鞋業目前行業地位第三,發展速度較快,聯
想公司評價星期六鞋業的行業情景。

星期六鞋業主攻女鞋品牌和零售,在中國境內各中心城市
建立起以直營店為主、特許經營加盟店為輔的龐大銷售網路。
主要經營「ST&SAT」(星期六)、「FONDBERYL」(菲伯利爾)、
「SAFIYA」(索菲婭)等知名品牌,年市場銷售額超過 4 億元。
在女性皮鞋市場中佔有率僅次於百麗和達芙妮,排名第三。

星期六鞋業「人」的方面也非常出色。星期六鞋業的經營
管理團隊非常有經驗,早些年做香港鞋中知名品牌的代理,後
來做百麗的代理,再後來自己生產、設計、銷售、打造自己品
牌。整個團隊經過幾年的磨合,合作非常默契。「星期六鞋業『事』
與『人』都非常符合聯想的投資原則,前期投資及後期合作都
很順利。從目前的情況來看,預期其在未來一二年內將上市。」
王能光很看好星期六鞋業的發展。

在與企業的深入接觸中,發現企業的發展過程一般是:老

闆與幾個朋友或帶領幾個親信一起創業，經過幾年的發展後成為幾百人。他們擁有一定的管理能力與前瞻性，企業也擁有了一定的規模，發展到今天很不容易。

另外，還有一個鮮明特點，即：這些企業的老闆一般都在35～45歲，有知識、視野寬、有遠見，他們是真正做事的人。而且，他們自己非常節儉，生活簡單，不糜爛。

2007 年投資的另一企業——豐凱機械，聯想投資也非常滿意。

3月，聯想投資 3500 萬元注資豐凱機械。豐凱機械是廣東省最大的紡織機械生產企業，2006 年銷售收入接近 2 億元，年平均增長率 18.9%，遠高於業內平均水準。但是自進入 2006 年，由於義大利的意達、比利時的比加諾等業界巨頭紛紛將生產基地遷入中國，企業的製造成本優勢越來越小，豐凱機械感到企業發展越來越困難。為了提高研發能力和開拓市場，豐凱必須融資。

機緣巧合，聯想投資成為豐凱機械的投資方。對這個行業，聯想投資的判斷是：紡織機械是服裝行業的上游，而服裝的需求是穩定的，並且這一需求在未來相當長的一段時間內不會有什麼大的變化，行業發展前景良好。而且，核心管理團隊的素質與敬業程度，與聯想的風格也比較匹配。

由於前期對事與人的認可，使整個投資過程非常順利，盡職調查在不到兩個月的時間內便完成了。隨後關於價格、股比、投資方式等的談判，雙方以誠相待，談得『非常投機』。

3.商業模式(M：Model)

第 3 種是商業模式(Business Model)，就是幫企業賺錢的方法。商業模式主要是指你經營一個企業，如何經營，如何準備產品或服務，如何向客戶收費，如何向產品提供方進行結算，盈利來源是以產品差價形式，還是以收入分成的方式，等等。

不同的商業模式需要不同的基礎設施、專業人員和經營方法，不同的時代需要不同的商業模式，而創新的模式可以比傳統的商業模式提供更多的價值，具備更大的競爭優勢。

即使是從事同一種業務，也會有不同的商業模式。例如，同樣是賣家用電器，傳統的百貨商場賣家電和國美賣家電，就是不同的商業模式。傳統的百貨商場沿襲的是流通領域傳統經營方式：製造企業→製造企業的辦事處/分公司→一級批發公司→二級批發公司→傳統終端，這種運行方式龐雜而低效。

而國美電器的崛起，不僅僅是因為經營機制，本質原因在於它創新了價值鏈，傳統的流通方式被壓縮為「製造企業→國美電器的銷售終端」，取消了「製造企業的辦事處/分公司→一級批發公司→二級批發公司」等中間環節，與此同時，與一級批發公司、二級批發公司伴生的物流成本、倉儲成本、運營費用和「灰色費用」得到壓縮，這使得國美電器可以把價值讓渡給消費者的同時，實現自身高速成長，並快速成為主流的家電銷售管道。

同樣是銷售管道，連鎖終端與傳統終端相比，其競爭優勢在於連鎖終端創新、縮短了價值鏈，這是連鎖企業管道終端作為一種新商業模式的價值所在。

28 投資公司的「SMILE 微笑原則」

為什麼連鎖公司能夠得到投資者關注呢？

針對近年來已經獲得投資的連鎖企業，進行深入分析發現，這些連鎖企業一般都符合以下五條標準：標準化（S：Standardization），對連鎖體系的管控能力（M：Management），關鍵指標（I：Index），在細分市場的領先性（L：Leader），競爭管道的關係（E：E-Commerce）。這些標準總結為 VC/PE 投資連鎖企業的「(SMILE) 微笑原則」。

針對不同的連鎖企業，VC/PE 機構的這五個標準的優先順序會有差異。

1. 標準化(S：Standardization)

站在消費者的角度，連鎖業的門店功能，就是在不同區域或者不同地點給不同的消費者提供相同的產品或服務。那麼，既然消費者需求的產品或服務是相同的，標準化就成為明智之舉和最佳選擇。

標準化是複製能力，在選擇、判斷是否投資一家連鎖企業時，產品或者服務、運營流程標準化以及標準化帶來的複製能力，幾乎是 VC/PE 機構看重的首要標準。因為一家連鎖企業的產品或服務標準化程度越高，複製能力越強，企業就更容易實現快速擴張，高速成長。

有很多連鎖企業，企業發展歷史已經達到數年，儘管也發展到了 10 家或者更多一些連鎖門店，但產品或服務的低標準化程度以及緩慢的成長速度，不得不讓 VC/PE 機構轉移了視線，把稀缺的資金和有限的時間放到了別的項目上。

餐飲界流行著「中餐不能標準化」的說法，事實上，世界速食巨頭肯德基已經推出了很多中餐新品，本土化產品的比例越來越高，在「中餐標準化」道路上做得有聲有色。

任何產品、服務都可以標準化，只是標準化的程度不同而已，產品、服務的標準化是企業規模經營的前提條件，而產品、服務的有限性是企業規模經營的約束條件，這也是投資公司重視的地方。

2.對連鎖體系的管控能力(M：Management)

連鎖企業的版圖宏偉，做大容易，但做實、做好、做強非常不易。試想，當連鎖體系的一個個孤立商業組織分佈在不同區域的不同地點，其中可能既有直營連鎖店，又有特許加盟連鎖店，人流、物流、資金流和信息流交織，事務龐雜而具體，而又要求及時而準確，如何做到步調一致、秩序井然，這對連鎖體系總部的管控能力是一個極大的挑戰和考驗。

門店數量、經營規模，是連鎖企業的重要生產力，而總部的管控能力是這家連鎖企業的「生產關係」。在連鎖企業中，麥當勞、肯德基對連鎖體系的管控能力位列一流，無疑屬於超級連鎖品牌。

3.在細分市場的領先性(L：Leader)

VC/PE 投資的連鎖企業，一定是所屬細分市場的領導者或是前三名。行業領先者的銷售規模、利潤規模大，或者同時年均增長率一定是高於行業平均水準、高於行業內的其他公司，否則這家連鎖

企業也無法成為行業領先者。

行業領先者的競爭優勢和內在價值，都高於同業的競爭對手，會更早地與資本市場對接，VC/PE 的投資價值更大，效率更高。

4.與網店等相關競爭管道關係(E：E-Commerce)

隨著電子商務市場的發展，大都市人網上購物的習慣已經形成，將來會有越來越多的銷售業務轉到 Internet 上去。尤其是近幾年，阿里巴巴、當當網、紅孩子購物網、PPG 購物網站以及淘寶網的崛起，以 B to B、B to C、C to C 為代表的網店成為一個新主流銷售管道。在有些行業，例如圖書零售，網路銷售已經成為主流銷售管道。

如果連鎖實體店受電子商務的衝擊比較大，這類連鎖企業的投資價值將降低；而如果連鎖實體店和網店等電子商務手段結合，能增強競爭優勢，這類連鎖企業的投資價值將隨之水漲船高。

電子商務崛起的浪潮一定會孕育出新的商業機會。在連鎖門店和網路直銷(B to C、C to C)之間會有新的商業模式出現。VC/PE一定會看好連鎖門店以及連鎖門店和網路直銷(B to C、C to C)之間新的商業模式。

29 投資公司關切連鎖企業的盈利狀況

VC/PE 機構關注連鎖企業的關鍵指標是：

⑴該連鎖企業的利潤總額，以及該企業在細分市場的佔有率。

⑵該企業的近三年的年度增長率和複合增長率。

為什麼 VC/PE 機構會首先關注連鎖企業的這兩個關鍵指標？

作為企業，VC/PE 同樣也要追求經濟回報。VC/PE 機構獲利，是透過項目的退出來實現的。國外上市的道路越來越窄，資本市場逐步建立健全，在這樣的外部環境下，VC/PE 投資的項目在上市而後退出，將成為主要方式之一。

這樣，股市的上市門檻就成為了 VC/PE 機構選擇企業的標準。

目前，中國 A 股上市的一個最低標準是三年累計利潤 3000 萬人民幣。據統計，中國 A 股上市公司 2006 年利潤超過 3000 萬的佔 50%。這就是說，按照證監會的硬的門檻規定是三年累計 3000 萬的利潤，軟門檻是優秀公司裏挑優秀，軟門檻實際上是累計三年利潤超過 3000 萬，這樣的公司才能夠具備上市條件。據瞭解，深圳證券交易所中小企業板上市公司 2007 年利潤達到 5000 萬人民幣的水準。能夠做到這樣一個利潤規模才能夠去上市。

於是，中國的 VC/PE 機構選擇企業時就有了業內眾所週知的「兩個 3」：年利潤 3000 萬元以上、年均增長率不低於 30%的企業，就成為最搶手的企業。因為，這類企業在成長 1~2 年之後就達到

了上市標準，投資週期相對較短，投資風險低，而且投資回報比較快。中國的連鎖企業同樣適用這條原則。

對於企業方來說，這類企業發展到這個階段，一般都會遇上「無形中的一道坎」：如要企業再發展，上新台階，無論從企業本身經濟實力，還是從團隊本身管理能力等方面，都有些力不從心。處在這個階段的企業，要麼尋求發展機會，突破瓶頸，要麼企業走下滑路線，最終跌入穀底。此時，這些處於快速成長階段的企業，既對資金有需求，同時對管理和各類資源的需求也特別大，也正是VC/PE 機構介入的階段。

連鎖企業的以下指標和數據也很重要，但只有部份 VC/PE 機構會關注：

⑴該連鎖企業平均單店產出或單位面積產出的年度增長情況。在零售業內專業人士眼中，定量評價連鎖企業經營品質的核心指標是單店產出或坪效產出。業內通常說的坪效，指的是每平方米營業面積上產出的營業額，或者產出的年毛利潤。

一家連鎖企業平均單店利潤的年度增長情況，反映的是該連鎖體系的增長品質和擴張品質。一家連鎖企業利潤總額的年度增長，並不表明平均單店利潤在增長，因為利潤總額的增長有可能是依靠店面數量的增加而實現的。

例如，一家連鎖企業前年 100 個店面的淨利潤總額為 1 億元人民幣，去年這家連鎖企業的淨利潤總額達到 1.3 億元人民幣，利潤總額增長 30%。問題在於，去年新增加的 0.3 億元人民幣是如何實現的？在假定平均單店面積相等的情況下，如果該企業的店面數量增加了 30%，則該企業去年的平均單店利潤與前年持平；如果該企

業的店面數量增加了 60%，則該企業去年的平均單店利潤與前年相比下降；如果該企業的店面數量只增加了 10%，則該企業去年的平均單店利潤比前年增加。

⑵該連鎖企業直營店和加盟店的比例。連鎖體系的直營店，說明的是「盟主自己做好這個事情的能力」、「盟主自己複製自己的能力」，而加盟店說明的是「盟主自己和別人一起做好這個事情的能力」、「盟主自己和別人一起複製自己的能力」。

顯然，同時具備這兩種能力的盟主，其連鎖體系才是最有前途的商業項目。

⑶該連鎖企業近年的新加盟者和新增特許店數。如果一家連鎖企業每年的新加盟者和新增特許店數太少，說明這個體系已經失去了活力，甚至要走下坡路了；當然，如果這兩個數字增長太快，也不一定是好消息，這將對總部的管控能力和整個後台支援系統形成非常大的壓力和考驗。

⑷該連鎖企業「二次加盟者」的數量和增長情況。「二次加盟者」是指那些已經有過第一次加盟的合作者，再次開設第二家、第三家加盟店。「二次加盟者」數量的增長，表明他們已經賺到了錢，這是最有說服力的。

當然，不同國家、不同時期的資本市場會有不同的上市門檻，VC/PE 機構選擇連鎖企業的利潤指標也會相應地有所不同。

30 門檻是投資公司看重的因素

VC/PE 投資的企業，都是有獨特的內在價值的。如果其他企業很容易或者很快就具有了這種類似價值，VC/PE 投資的企業以及投資，就會大打折扣。所以，VC/PE 都會希望被投資的企業，本身企業有一定的門檻，只允許有限的玩家參與這場競爭遊戲。

VC/PE 會希望被投資的連鎖企業，具有下列門檻：

1.規模門檻

如果一家連鎖企業有相當數量的終端網點，遠遠大幅領先於同類企業。後來同行者不可能一下子開出那麼多店面，這樣，這家連鎖企業就具備了規模門檻，給後來者設置了競爭壁壘。

2.專業人員門檻

連鎖企業的網點是需要有專業人員經營的，網點的效益、影響力與專業人員有很大相關性。如果一家連鎖企業擁有數十名優秀的專業運營人員，例如店長人選，而後來的競爭者要想找到同樣數量的優秀的專業運營人員，是需要很長時間或不可能的。

3.資金門檻

連鎖企業的終端網點規模，以及一定數量的優秀的專業運營人員，都需要足夠的資金來保障。後來的競爭者就要考慮：是否願意拿出這麼多資金來加入競爭？如果拿出這麼多資金加入競爭，勝算的概率又有多大？同業競爭的資金門檻如此就已經形成了。

4.牌照門檻

開辦連鎖門店都需要去當地行政主管部門辦理很多許可證或者牌照。例如，具備連鎖企業資格或者擁有跨地域連鎖經營資格，在很多行業都還需要行政主管部門認可或者許可。

VC/PE 機構一般是這樣看待牌照門檻的：擁有許可證可以讓這家企業在一段時間視窗內保持暫時的領先性，但企業並不會因為許可證而獲得長期的、長久的競爭優勢，因為你可以透過種種途徑和方式獲得牌照，別人可以透過同樣的甚至更好的途徑和方式獲得牌照。當然，那些國家壟斷或者管制特別嚴厲的行業或者業務除外。

31 風險投資是怎麼獲利的

風險投資（VC）實質上也沒有什麼神秘的，它不過是一種商業模式。簡單地講，就是投資公司尋找有潛力的成長型企業，投資金錢，並換取這些被投資企業的股份，並在恰當時機將股份增值後套現退出，賺取高利。

「風險投資」這一詞語及其行為，通常認為起源於美國，是20世紀六七十年代後，一些願意以高風險換取高回報的投資人發明的，這種投資方式與以往抵押貸款的投資方式有本質上的不同。風險投資不需要抵押，也不需要償還。如果投資成功，投資人將獲得幾倍、幾十倍甚至上百倍的回報；如果失敗，投進去的錢就算打水

漂了。對創業者來講，使用風險投資創業的最大好處在於即使失敗，也不會背上債務。這樣就使得年輕人創業成為可能。幾十年來，這種投資方式發展得非常成功。

其實在此之前，以風險投資方式進行投資早就存在了，只不過那時候還沒有「風險投資」的叫法而已。

一、什麼是風險投資

將 VC 作為一種商業模式的定義，但實際上，我們常常聽到和看到的「VC」這個詞，還可以作為「風險投資公司」、「風險投資人」、「風險投資行業」等的簡稱。

風險投資(VC)到底是什麼？既不是指維生素 C，也不是那裏有風險就往那裏投資。專家是這樣解釋風險投資的：風險投資是私募股權投資中的一種，投資具有潛力和成長性的公司，以期最終透過 IPO 或公司出售的方式，獲得投資回報。

風險投資屬於私募股權投資的一種，是專注於投資早期公司的那一類，那私募股權又是什麼呢？私募股權投資是一個寬泛的概念，指以任何權益的方式投資於任何沒有在公開市場自由交易的資產。機構投資者會投資到私募股權基金，並由私募股權投資公司投資到目標公司。

私募股權投資包括杠桿收購、夾層投資、成長投資、風險投資、天使投資和其他類型。私募股權基金通常會參與被投資公司的管理，並可能會引入新的管理團隊使公司價值更大。

美國全美風險投資協會(NVCA)的定義：風險投資是由職業投資

家與其管理經驗一起，投入到新興的、迅速發展的、具有巨大經濟發展潛力的企業中的一種權益資本。

可以發現組成風險投資的幾個關鍵基因：首先是錢，就是風險投資投入到目標的資本，是由專門的投資人提供的；其次，風險投資是一種股權投資，一般不以貸款等債權投資形式體現；第三，投資行為是由職業風險投資家負責的；第四，被投資公司是還年輕、處於快速發展期、未來有可能獲得成功。

VC 其實跟一般的生產企業模式類似，如圖 30-1 所示。他們先從一些優質的創業者手裏低價買入「原料」——這些創業企業的股份，然後對「原料」進行加工——給企業提供一些增值服務，或者乾脆就等著創業者自己努力，從而使這些股份原材料成為更加規範的產品，並獲得價值提升。最後，VC 將這些股份賣給大型企業，或者讓企業上市，VC 通過證券市場脫手，將手中的股份高價賣給戰略投資者或公眾，從而完成一個投資循環，實現投資收益。

圖 31-1　VC 商業模式

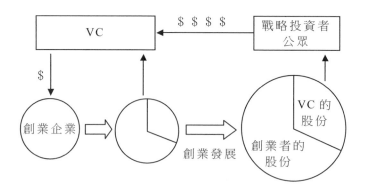

二、風險投資基金（VC）的組織方式

風險投資是一種集合的投資工具，通常是有限合夥或有限責任公司的組織形式，將第三方出資人或者把投資者的錢聚集起來，並投資到眾多目標公司中去。

風險投資公司（簡稱「VC 公司」或「VC」）是 VC 基金的管理者，負責為基金融資，就像創業者為企業融資一樣，VC 公司也要向投資者融資，通過募集到足夠的資金並成立 VC 基金之後，才能開始投資。VC 公司裏負責投資的專業人士稱為風險投資人，也就是我們常常所說的「VC」，他們負責尋找、挑選以及評估投資目標，並將管理經驗、技術力量、外部資源以及資金等帶給被投資公司。

在哥倫布的故事中，我們可以將西班牙女王看作是出資人，她與哥倫布設立了一個 VC 基金，哥倫布就是一個 VC，他在汪洋大海之中尋找投資目標——陸地和陸地上的財寶。

按有限責任公司形式成立的基金跟普通的公司沒什麼太大的區別，國內本土的、有一定年頭的創投公司基本採取這種組織形式，而主流的 VC 基金組織形式是有限合夥形式的。美國絕大部份 VC 基金以及新興的一些本土 VC 公司也採取這種形式，如圖 31-2 所示。基金的出資人叫做有限合夥人（LP），VC 公司叫做普通合夥人（GP）。

VC 基金一般是由 VC 公司出面，邀集一定數量的 LP 設立而成。為了避稅，VC 基金一般註冊在開曼群島或巴哈馬等避稅天堂的地區。在 VC 基金的註冊文件中必須確定基金規模、投資策略等，VC

基金還會設定一個最低投資額,作為每個投資人參與這一期投資的
條件。一些大型 VC 的每期基金融資規模常常超過 10 億美元,它會
要求每個投資人至少投入 200 萬美元。顯然,這些數額只有機構投
資者和非常富有的個人才能拿得出。

圖 31-2 有限合夥 VC 基金組織形式

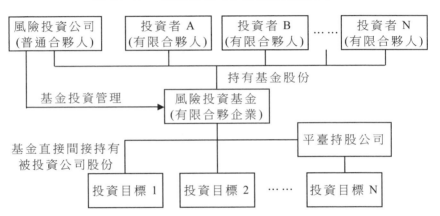

　　基金為全體合夥人共同擁有,VC 公司作為 GP,除了要拿出一
定資金外,還同時管理這一期 VC 基金。LP 參與分享投資收益但是
不參加基金運作的日常決策和管理,VC 基金的所有權和管理權是分
離的,以保證 GP 能夠獨立地、不受外界干擾地進行投資。另外,
為了監督 GP 的商業操作、財務狀況和降低投資風險,VC 基金要聘
請獨立的財務審計顧問和律師,並設立董事會或者顧問委員會,他
們會參與每次投資的決策,但是最終決定由 GP 來做。

　　天使投資本質也是早期風險投資,天使投資人(天使)常常是:
一些有錢人,他們很多人曾成功地創辦了公司,對技術的感覺很敏
銳,又不願意再辛辛苦苦創業,希望出錢資助別人而間接獲得收

益。他們的想法簡單說就是「不願意當總(經理)，只肯當董(事)」。

有些天使投資人獨立行動，自己尋找項目進行投資，但在美國，更多的情況是幾個天使湊到一起組成一個天使投資小組，共同尋找、評估和投資項目。

三、VC 基金的壽命

有限合夥形式的 VC 基金存續期限一般是 10 年，或者再延期 1 年，到期就結算清盤，VC 公司通常在基金的前 3～5 年會將全部資金投資出去。

圖 31-3　VC 基金的生命週期

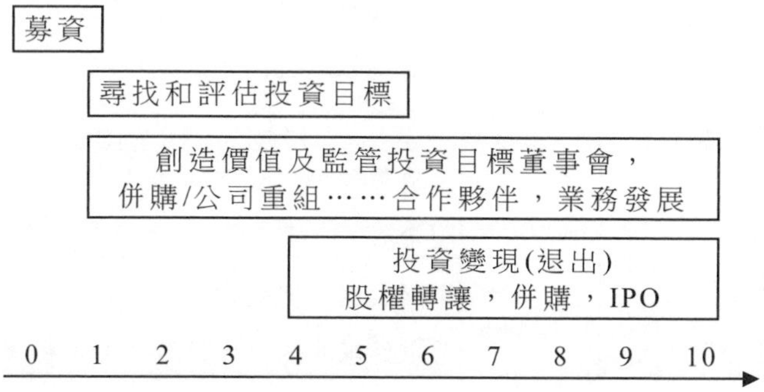

一個 VC 公司可以管理多隻獨立的 VC 基金，為了維持其持續運作，不至於把錢投完了沒事幹，VC 公司通常每 3～5 年就會募集一個新的基金。我們常常可以看到某某 VC 公司正在募集第 8 期基金、某某 VC 管理有 5 隻基金、資金規模達到 20 億美元之類的消息。

在 VC 基金生命週期的後段年，也就是第 6～10 年(有時會延期 1 年)，VC 公司會將其投資變現，使 VC 基金獲得實際投資回報，

如圖 31-3 所示。

四、VC 基金的錢從那兒來

　　根據全美風險投資協會(NVCA)、加州公共僱員退休系統
(CalPERS)年度報告(2006)及耶魯大學捐贈報告(2006)可知，VC
基金的資金來源比例如表 31-1 所示。從表中可以看到，機構投資
者的資產配置偏向於上市公司的股權投資或者債權投資，而私募股
權投資的比例都很小，給予 VC 基金的就更少了。

表 31-1　VC 基金的資金來源

VC 基金的資金來源	比例(%)	出資人資產配置特點
養老基金	42	上市公司股票——61.2% 債權/固定收益——24.5% 不動產——7.2% 私募股權——5.7% 現金——1.4%
財務公司/ 保險公司	24	不同公司差異很大 偏重低風險的債權投資，少量私募股權投資
捐贈基金/ 基金會	21	教育機構的平均情況： 上市公司股票——49.1% 債權/固定收益——32.9% 不動產及現金——11.7% 私募股權——6.4%
個人/家庭	10	基於個人風險偏好及投資經驗，差異很大

VC 基金的資金主要有兩個來源：機構投資者和非常富有的個人，包括公共養老基金、公司養老基金、保險公司、富裕個人、捐贈基金等，例如哈佛大學和斯坦福大學的基金會就屬於捐贈基金。另外，為了讓投資者放心，VC 公司自己也會拿出些錢（基金總額的1%左右）與投資者一起投資。

VC 基金的資金是所謂的承諾資金，這些承諾資金在 VC 基金存續期內逐步分期到賬，並不是設立時一次性全部到位。例如，某 LP 承諾給一個 VC 基金出資 1 億美元，那麼他會在特定的時候收到 GP 的一些出資請求，每個請求的金額為其出資總額的 3%～10%不等。通常，LP 需要在 10 個工作日之內按 VC 公司的出資請求投入所需資金。如果 LP 沒有投入，他們就構成違約。這也是在當前金融危機的情況下，很多 VC 公司擔心的問題。因為很多 LP 的資產在嚴重縮水，他們是否還會如約向 VC 基金投資呢？

首先，VC 基金的大部份 LP 是機構投資者，而在這些 LP 的資產配置中只有很少的比例是給 VC 基金，絕大部份比例是投於上市公司股票。隨著全球股市的集體跳水，以至於他們的資產總額嚴重縮水，承諾給 VC 基金的投資額對應的比例可能會超過預期，但這是這些 LP 資產管理所不允許的，因此，有些 LP 可能被迫違約。

其次，有些 VC 基金實際上對 LP 非常有吸引力，因為他們的投資回報一貫很好，有很多投資機構擠破腦袋想投資給他們，所以 LP 是不會輕易對他們違約的。而且，LP 有優先認購權，即有權在此 VC 公司設立的下一隻基金中優先獲得投資比例。所以，對於好的 VC 基金而言，有 LP 違約也不用擔心，因為有很多投資者等著接手他們 LP 的投資承諾，投資承諾及相關權益的轉讓會在 VC 二級市場

中進行交易。

第三，LP（有限合夥人）與 VC 公司簽署合夥協議，LP 同意在基金需要的時候投入約定數額的資金。一旦 LP 違約，VC 公司可以根據合夥協定採取相應的措施。例如，對違約的 LP，其分紅比例將會被嚴重打折（例如 50%）。要是某 LP 承諾投資 400 萬美元，在投資了 200 萬美元後，不繼續投資了，那麼，基金在分紅時，將按此LP 只投資 100 萬美元（50%）與其他 LP 按投資金額的比例分配。違約的數額（200 萬美元）按比例由不違約的 LP 分攤承擔。同時，VC基金可以將違約 LP 的分紅延遲到基金到期的時候才支付。這種處理方式的好處是：

⑴自動執行，不需要花費 GP 的時間和費用。

⑵對分紅進行打折會迫使 LP 不選擇違約。

⑶對於沒有違約的投資人有好處。

如果 LP 在基金運作的早期就違約，而且在 VC 二級市場沒有買家接手，GP 可以起訴這個 LP，強制其投入承諾資金。這種方式當然不太好，會花費一定的時間和費用，尤其是如果此 LP 在基金中的比例比較小，就更沒有價值了。

也有些合夥協議中規定允許違約 LP 繼續留在基金中，不予懲罰，但其基金比例只以已經投入的資金計算。這種方式的不利之處在於會鼓勵其他 LP 違約，並且 VC 基金可能無法募集到全部的承諾資金，基金規模就會被縮小。

比較有意思的是，儘管有些 LP 打算違約，可是有不少 GP 卻躍躍欲試，準備接手這些 LP 的投資比例。原因說白了很簡單，一是這些 LP 的比例通常是大幅打折出讓，第二是當前的風險投資市場

比較萎靡，VC 投資時對目標公司的估值非常低，這兩種情況都可以讓接盤的 GP 撿到便宜的好東西。

五、VC 的投資流程

每家 VC 都有自己感興趣的行業，並不是什麼行業都投或者只要是好項目就投。VC 公司畢竟人手有限，專業知識也有限，「遍地撒網」的方式是很難做好投資的。每家 VC 都有它們自己關注的投資領域，列為優先投資項目，例如 Internet、新媒體、新能源、醫藥、創意產業等。

每家 VC 還都有自己的投資規模和階段：種子期、早期、成長期。一般來說，關注不同階段的 VC 單個項目投資的資金規模差異很大：

⑴種子期：10 萬～100 萬美元。

⑵早期：100 萬～1000 萬美元。

⑶成長期：1000 萬～3000 萬美元。

每個 VC 公司的人手有限，對投資項目的管理能力也有限，所以，資金規模為 5 億元以上的大基金通常並不會投資很多項目，而是通過投資成長期、成熟期的公司，提高單筆投資的額度，來保證投資項目不至於過多。例如紅杉資本，一期基金動輒就在 3～5 億美元，如果每家公司只投資一兩百萬美元，合夥人要在幾年裏審查幾千甚至幾萬家公司，每個合夥人還要在幾十家被投資的公司做董事！這明顯是不現實的，因此，它們每一筆投資的數額不能太小。

如果公司需要 3000 萬美元擴大規模，找種子期的 VC 根本沒

用，即使他們把整個基金都投給你，這可能都不夠。就像當初盛大網路在融資 5000 萬美元的時候，找到聯想投資，當時聯想投資管理的資金規模也才 3000 萬美元，全給了都不夠。

　　同樣，如果創業者只需要融資 100 萬美元，就不要自討沒趣去敲投成長期 VC 的大門。對於初創的種子期公司，它們通常只需要融資幾十萬甚至幾萬美元就可以了，這種情況別說是投成長期的 VC，就是資金規模小的 VC 也不會參與，對於這些公司的投資就由一類特殊的風險投資商——天使投資人來完成。

　　VC 公司的投資是有方法、流程和決策機制的，如圖 31-4 所示。

圖 31-4　VC 投資流程

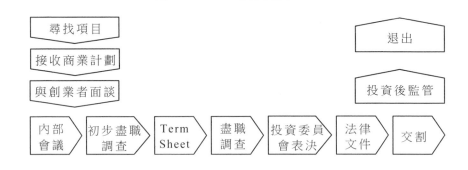

　　通常任何來源的項目都需要打動第一個人，不管是 VC 的合夥人還是投資經理，然後他要把這個項目拿回去在 VC 定期項目評估會上進行討論和排序，如果這個項目能夠在 VC 內部被一致看好，並能進入「潛在投資項目」排名榜的前 5 名，接下來 VC 就可能會指派專門團隊來和項目方進一步溝通，包括談判 Term Sheet、做盡職調查等，並最終把這個項目送到 VC 內部的最高決策機構——投資委員會上去最後通過。一旦通過，剩下的工作就是起草和簽署

正式的法律文件,將資金打到創業者的公司賬戶上。VC 陪著公司發展幾年之後,找到合適的機會,實現退出。

　　VC 基金一旦進入被投的公司,就變成了該公司的股東,並且持有公司股份。如果該公司關門大吉了,公司破產清算後剩餘的資產,VC 基金要優先於公司創始人和一般員工,拿回該拿的錢。但是,這時能拿回的錢相對於當初的投資額而言,通常就是個零頭。如果投資的公司上市或者被併購,VC 基金要麼直接以現金的方式回收投資,或是獲得可流通的股票。

　　為了降低風險,每隻 VC 基金必須分散投資,要投十幾家到幾十家公司,而不是「把雞蛋放在一個籃子裏」,如圖 31-5 所示。

圖 31-5　VC 篩選項目

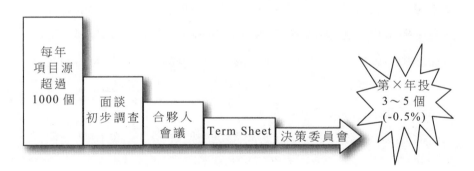

32 風險資金進入後的企業戰略

在今天的資本時代，既有很多直營連鎖企業獲得了風險投資，又有加盟連鎖企業贏得了風投青睞。

作為一個正在擴張中的連鎖品牌，該如何處理自己的連鎖戰略？如果是一個計劃發展的新生連鎖品牌，究竟應該是採取直營連鎖模式還是加盟連鎖模式？

兩種連鎖模式，直營連鎖和加盟連鎖各有優劣，直營連鎖的優點是盟主的可控性強，經營業績能完全體現在統一的財務報表中，缺點是擴張慢；加盟連鎖的優點是企業擴張快，缺點是發展品質的可控性相對較差，對盟主的掌控能力要求很高，同時加盟店的經營業績不能完全體現在盟主統一的財務報表中，只能透過加盟費等形式體現在盟主的業績中。

對連鎖企業來說，直營連鎖還是加盟連鎖？這的確是一個問題。

1. 直營連鎖模式最受資本歡迎

當一家具備相當規模的連鎖企業，準備引入外部資本(直接投資)和資本對接的時候，直營連鎖還是加盟連鎖，就已經成為一個必須面對的戰略問題了。因為眾多直營連鎖店的經營業績可以合併在統一的財務報表中，影響著這家連鎖企業的規模和利潤，進而決定著該連鎖企業的上市時間和上市後的價格，從而影響到該連鎖企

業以及投資機構的收益和效率。

合併會計報表，是指由母公司編制的，將母公司和子公司形成的企業集團作為一個會計主體，綜合反映企業集團整體經營成果、財務狀況及其變動情況的會計報表。包括合併資產負債表、合併損益表、合併利潤分配表、合併現金流量表等。

優秀的連鎖企業已經開始了國際化的步伐，在國外有多家分店。根據規定，連鎖企業的母公司在編制合併會計報表時，應當將其所控制的境內外所有子公司納入合併會計報表的合併範圍。

母公司，是指透過對其他企業投資，對被投資企業擁有控制權的投資企業。子公司，是指被另一公司擁有控制權的被投資公司，包括由母公司直接或間接控制其過半數以上權益性資本的被投資企業和透過其他方式控制的被投資企業。

根據《合併會計報表暫行規定》，各國合併會計報表的合併範圍具體如下：

母公司擁有其過半數以上(不包括半數)權益性資本的被投資企業。

權益性資本，是指對企業經營決策有投票權，並能夠據以參與企業經營管理決策的資本。如股份有限公司的普通股，有限責任公司投資者的出資額等。當母公司擁有被投資企業 50%以上股份時，母公司就成為被投資企業的最大股東，就能夠操縱股東大會，能夠對被投資企業的生產經營活動實施控制。因此，母公司應該將被投資企業納入其合併會計報表的合併範圍。

母公司擁有被投資企業過半數以上(不包括半數)權益性資本，包括以下三種情況：

⑴母公司直接擁有其過半數以上權益性資本的被投資企業。

⑵母公司間接擁有其過半數以上權益性資本的被投資企業。間接擁有過半數以上權益性資本，是指透過子公司而對子公司的子公司擁有其過半數以上權益性資本。例如，甲連鎖企業擁有乙連鎖企業 80%的股份，而乙連鎖企業又擁有丙連鎖企業 60%的股份。這樣，甲公司透過子公司乙，間接擁有和控制丙公司 60%的股份。在這種情況下，丙公司也是甲公司的子公司，甲公司編制合併會計報表時，應當將丙公司納入其合併範圍。

⑶母公司直接和間接方式擁有其過半數以上權益性資本的被投資企業。直接和間接方式擁有其過半數以上權益性資本，是指母公司雖然只擁有其半數以下的權益性資本，但同時又透過其他方式擁有被投資企業一定數量的權益性資本，兩者合計擁有被投資企業過半數以上的權益性資本。

被母公司所控制的其他被投資企業。

控制權，是指能夠統馭一個企業的財務和經營政策，並以此從企業經營活動中獲取利益的權力。有時，母公司對於被投資企業雖然不持有其過半數以上的權益性資本，但母公司與被投資企業之間有下列情況之一的，應當將該被投資企業作為母公司的子公司，納入合併會計報表的合併範圍：

⑴透過與該被投資公司的其他投資者之間的協定，持有該被投資公司半數以上表決權；

⑵根據章程或協定，有權控制企業的財務和經營政策；

⑶有權任免董事會等類似權力機構的多數成員；

⑷在董事會或類似權力機構會議上有半數以上投票權。

可以合併會計報表的企業，主要指母公司以及母公司擁有過半數以上(不包括半數)權益性資本的被投資企業。

因此，在投資商眼裏，那些以直營為主的連鎖企業更容易受到歡迎。

企業如果採取特許加盟的發展模式，風險還是比較大的。因為特許的方式雖然能使品牌持有者賺到快錢，但對於特許人的控制以及財務的核算方式，往往是資本最為顧忌的問題。

投資人考察或評定特許經營企業時，主要看的是其直營店的比例有多大。

例如，中國的真功夫是一家以直營為主的中式速食企業，真功夫速食的 200 多家店都採取的是直營模式。店數已經達 200 家，其投資人除了看中這家企業所代表的行業潛力，更注重其直營連鎖的模式。

在資本的影響下連鎖企業越來越傾向於直營連鎖：

餐飲企業小肥羊在引入 3I 集團和普凱基金兩家公司 2500 萬美元的資金之前花了 3 年的時間對其加盟店進行清理整頓，把原先「以加盟為主、重點直營」的開店戰略改為「以直營為主，規範加盟」，收購了大部份代理商和加盟店的股權。

蘇寧電器 2007 年 12 月 29 日發佈公告稱，蘇寧 3 億元收編 120 家加盟店，終結特許加盟模式。蘇寧此次收編採用了「一刀切」的做法，即從 2007 年 10 月份陸續與各特許加盟企業進行洽談終止特許加盟事宜，並於 12 月底已經與全部企業簽署了《特許加盟終止協議書》。與此同時，蘇寧還宣佈今後將全面停

止特許加盟模式，轉而只開直營店。

以加盟店為主的永和豆漿正謀劃轉型直營。目前，永和豆漿在內地共擁有 250 家左右門店，其中約 80%為加盟店。永和豆漿公司負責人表示，公司透過一家投資企業的融資，然後將融得資金用於回購加盟店轉為直營店之用。今後永和豆漿將全面轉型，大幅度提升直營店比例，在上海等一線城市將採用全面直營方式運營。

這種直營的策略除了具有規範市場的作用以外，對於盟主的財務報表來講是非常有利的。

2.並非所有的加盟模式，都會遭資本冷落

當如家酒店、小肥羊、真功夫等以直營為主的連鎖企業成功拿到了 VC(風險投資)的投資之後，在特許經營領域，很多企業看到了 VC 的傾向性，似乎只有直營連鎖更受 VC 關注。實際上，並非所有的特許加盟都遭資本冷落。資本願意投資那些加盟連鎖體系呢？

審視以產品為紐帶的加盟連鎖體系，VC 也同樣看到了其中的價值。已經在香港上市的百麗，就是以加盟方式做大並獲得了風投的關注最後成功上市的案例。

以加盟為主的美容院品牌唯美度受到風投的頻頻關注，並與香港某風投簽約融資額 1500 萬美元。

1992 年，百麗的掌門人鄧耀在深圳和廣州開始了百麗鞋的批發業務。但好景不長，冒牌貨很快出現了。1993 年，鄧耀決定開設專賣點以特許經營模式發展銷售網路。1997 年，百麗與

中國各地 16 家獨立分銷商訂立了區域性獨家分銷協議。根據協定，分銷商作為零售商在各自區域內開專賣店獨家經銷百麗的鞋，這種方式使百麗專賣店數量迅速突破 1000 家。2005 年，鄧耀以資本運作的方式併購了 1681 家加盟店，但又迅速增加了 2147 家加盟店。

百麗這種以產品為紐帶的加盟店，立刻獲得風投的關注很容易理解，加盟店每賣一雙鞋就給百麗貢獻了一定的利潤。2004 年百麗淨利 7500 萬元，2005 年增長到 2.35 億元，2006 年淨利就達到了 9.77 億元。2007 年上市前，其店數達到了 3828 家，還是以加盟店為主。摩根的報告中認為「行銷網路才是百麗最值錢的資產」。

百麗的成功充分體現了加盟的好處：加盟商不僅提供了資金按總部的模式開連鎖店，同時投入很大的精力參與管理和處理當地的人脈關係，在短時間內增加了市場佔有率，總部可以集中精力開發自身品牌，保證產品品質，雙管齊下，使品牌知名度迅速提升。

對於百麗這樣的以產品為紐帶的企業獲得融資很容易理解。但是美容院對 VC 的吸引力就得探究了。

研究唯美度的經營模式，確實與百麗有異曲同工之處。

唯美度有 1500 家連鎖店，雖然大部份為加盟店，但是盟主與加盟店之間的紐帶是產品，並不是服務。加盟商的黏著力很強，因為加盟商一旦加盟就必須向總部購買產品，總部給加盟店提供品牌和技術支援。由於加盟店的利潤主要來自服務而不是產品，而顧客

對產品品牌又具有很強的忠誠度,因此,加盟店沒有必要拋開總部這個進貨管道,也沒有隱瞞財務的必要。

與以服務為紐帶的加盟關係不同,在唯美度的營利模式中,總部賺的是產品利潤,而連鎖店賺取的是按總部的促銷方案銷售產品和透過產品所產生的服務利潤。大家各吃各的蛋糕,不存在矛盾。

實際上,在美容行業,已經有了先例,自然美已經是一家上市公司,其 2005 年底直營店有 87 家,可到了 2006 年,為了避免直營模式的巨大投入,還將直營店減少到 5 家。而其淨利潤卻從 7000 萬元增加到 1 億元,市值從 2006 年 15 億元增加到目前的 38 億元。

除此之外,資本看中那些以產品為紐帶的加盟連鎖體系的另一個因素是顧客群體和銷售網路,1500 家店的銷售終端所面對的是大量的高端女性客戶群,其網路隨時可以成為總部的分銷管道。據瞭解,已經有國外塑身內衣品牌與唯美度談定代銷協議。VC 相信,美容行業可以再誕生一個百麗。

如果在連鎖體系中運行的產品和服務品質,與消費者的生命和健康關係比較大,又採用的是加盟連鎖體系,加上總部對連鎖體系的掌控力度不夠,有時產品品質和服務品質無法保證,容易危害消費者的生命安全和健康,從而會影響到整個連鎖體系的效益、品牌和聲譽。

33 投資公司的選擇標準

加盟，還是直營？這是連鎖企業快速擴張時面臨的必然選擇。直營店便於管理，但需要龐大的投資，而且擴張速度慢；開加盟店不佔用企業自有資金，但難以管理。

一家連鎖企業要擴張市場，究竟應該採用直營連鎖還是加盟連鎖？投資公司主要有以下選擇標準：

1. 是產品還是服務

以服務為主要紐帶的企業更宜採用直營連鎖模式來擴張企業，這是因為以產品為主要紐帶的企業，所提供的產品容易標準化，品質比較容易有保障，而以服務為主要紐帶的企業，服務相對難以標準化，服務品質難以保障，所以更宜採用直營連鎖模式來擴張企業。

深入挖掘很多直營連鎖體系的共性可以發現，以服務為主要紐帶的企業更宜直營的深層原因在於，總部和連鎖店都是以服務為利潤來源，雙方吃的是一塊蛋糕，對於總部來說，監管是個難題。吃第一口容易，但是長期下去，加盟商就很難給盟主創造穩定的利潤來源。作為連鎖總部主要是以「服務」為紐帶，如果採用加盟的方式，總部向連鎖店收取營業額的分成和品牌使用費，總部向連鎖店提供品牌、管理技術、收取相應的費用，以這種無形的投入和加盟店長期分成，其控制力和財務監管會日益弱化。所以，風險投資對

這類企業更關注直營為主的企業。

2.加盟商對總部連鎖體系的依賴度

如果加盟商對總部連鎖體系的依賴度非常高，離開盟主的連鎖體系之後，加盟商活不下去，或者活得很不好，盟主就可以考慮透過加盟連鎖來擴張市場；如果加盟商對總部連鎖體系的依賴度不高，或者比較低，離開盟主的連鎖體系之後，加盟商同樣可以活下去，甚至活得不錯，盟主就要考慮透過直營連鎖來擴張市場。

在現實生活中，經常出現這樣的情況：那些對總部連鎖體系的依賴度不高的加盟商，在學習到了盟主的經營方式，在經營中獲得收益以後，由於其財務與盟主獨立核算，很容易向盟主隱瞞其財務狀況。另外，盟主這個「師傅」將加盟商培養起來，很可能在當地培養了自己的競爭對手。正是因為看到了這種市場風險，很多風投更青睞直營連鎖企業。

3.連鎖企業總部對加盟店的掌控能力

在目前很多連鎖企業總部，總部和加盟店的關係主要是依靠一張簡單的合約在維持，總部對加盟店沒有什麼有效的約束和控制手段，於是導致相當一部份加盟店出了很多負面問題。

連鎖企業總部對加盟店的控制手段越多，連鎖企業總部對加盟店的掌控能力就越強；相反，連鎖企業總部對加盟店的控制如果僅僅是依靠一張簡單的合約，那麼連鎖企業總部對加盟店的掌控能力就越弱。

透過以上這些標準，就可以綜合判斷出一家連鎖企業應該主要透過直營連鎖還是加盟連鎖中的那一種模式來擴張企業了。

34 連鎖總部對加盟店的控制法寶

連鎖企業總部對加盟店的控制方法主要有以下幾種：

1.品牌使用權控制

連鎖企業總部可以透過在加盟合約中規定品牌使用權的期限、使用範圍來控制加盟店。

2.產品控制

例如小肥羊總部透過羊肉和火鍋底料兩大核心產品來控制加盟店。連鎖藥店總部透過藥品的配送來掌控加盟店等。

3. IT系統的控制

現在有相當一部份連鎖企業總部在直營店和加盟店中推行了業務運營系統、財務系統等 IT 系統，透過這些 IT 系統同時保障了總部和加盟店的利益，給雙方帶來了好處。例如，小肥羊在這方面做得比較成功。

4.股份購買優先權的預先控制

有些加盟店中，有連鎖企業盟主的股份，而有些加盟店則沒有。有些連鎖企業盟主就預先在加盟協議中規定，連鎖企業盟主擁有以同樣價格購買加盟店股份的優先權，同時擁有以同樣價格購買或者增持加盟店股份達到 51%的優先權。當加盟店的股權轉讓時，這個控制手段確保了連鎖企業總部把加盟店收編為直營店的優先權。

5.門店使用權的控制

加盟店的經營一定是以物業門店的使用為前提的。

一般是由加盟商自己去和物業所有人簽訂租用協定，連鎖企業盟主在物業使用方面並沒有優先權和支配權。而在麥當勞，專門有一個房地產開發部門，負責選擇物業，或租用或與物業業主合作，麥當勞拿到物業的使用權後，再把物業轉租給加盟商。

這樣，連鎖企業盟主對加盟商的控制又多了一道「殺手鐧」。

6.客源的控制

如果連鎖企業總部能用一種特殊的方式幫加盟店發展或者管理客源，那麼這種服務對於加盟者來說也是一種控制，如果加盟店離開了總部的支持，它將得不到更多客源。很多企業都在探索用「一卡通」來解決客源、資金和連鎖體系的向心力等很多問題。

榮昌‧伊爾薩的「一卡通」就是一張洗衣聯網卡，使總部、加盟店、客戶都受益，把連鎖總部與加盟商的利益打通，既加強了總部對加盟店的控制管理，又為加盟店帶來額外的收入，榮昌把洗衣卡的功能發揮到了最大。

加盟店之所以不排斥，是因為這個卡可以增加自己的營業額，那些辦理了團體卡的客戶一般可以享受到六五折的優惠，他們自然願意到就近的榮昌洗衣，而在此之前他可能是附近其他某一競爭對手的客戶，而現在透過總部的卡卻成了自己的客戶，加盟店當然高興，這樣加盟店在除去原有客戶的基礎上，還可增加新的單位客戶，「讓他們可以分享到由總部帶來的額外蛋糕。」榮昌‧伊爾薩集團，現在新開的榮昌加盟店，聯網卡帶來的營業額佔到了 25%。

很多成熟的連鎖企業總部，把上述內容作為加盟的前提條件，

並把這些內容清楚、明確地寫在了加盟合作協定中，從而以法律的
形式保障了自己對加盟店的控制。

　　過去，洗衣店大多是夫妻經營的單店。從 1991 年開始，張
榮耀一直試圖解決在洗衣行業連鎖經營的問題。憑著多年來榮
昌沉澱下來的良好口碑，加上與義大利專業洗衣的伊爾薩公司
的品牌合作，到 2008 年的榮昌連鎖企業已經發展了 60 多家直
營店和 300 多家加盟店。

　　直營店的管理相對容易一些，而加盟店卻讓連鎖總部傷腦
筋。對於加盟店的業主來說，最大的資金投入是 50 萬元的初始
加盟費。一旦正式運轉起來之後，房租和員工工資就在加盟店
的日常運營成本中佔據了非常高的比例，而與榮昌總部的往來
僅限於採購一些「化料」(包括洗滌劑、塑膠袋等)，這在日常
運營成本中所佔的比例極小。正因為如此，榮昌對於各加盟店
的控制力度就會減弱，從而無法對加盟店的日常經營進行規範
化管理，一旦某個加盟店出現了服務品質問題，由於他們使用
的是榮昌和伊爾薩的品牌，最終損害的還是榮昌的品牌和利益。

　　況且，此時一方面正在加緊理順榮昌的內部股權結構，同
時也引進外部投資人，希望能夠成為中國第一家上市的洗衣連
鎖企業。無論是外部資本的壓力，還是企業發展的需求，都要
求榮昌儘快完善對加盟店的管理。

　　有沒有什麼好辦法，既能夠幫助加盟店更好更快地發展客
戶，又能夠加強對他們的管理呢？

　　經營者張榮耀最終在卡上做起了文章。過去，每家洗衣店

都會發行儲值卡以吸引經常洗衣的老顧客，顧客只需要在儲值卡中預存上幾百元，就能夠享受到洗衣店的打折服務。但是，即使是同一家洗衣連鎖企業，其門店之間也都沒有實現信息共用，這就造成了顧客在某家門店辦了儲值卡之後，當他由於工作變動或者搬家需要到其他門店洗衣的時候，原來的儲值卡就失效了，還需要再辦一張卡。這就給顧客帶來了極大的不方便，甚至會使顧客轉投他店。

如果能有一張通行於各家門店之間的卡，這些問題都將迎刃而解。2005 年，榮昌開始發行通行於所有門店的「一卡通」IC 卡。經過深入思考，榮昌將「一卡通」的目標客戶鎖定為集團客戶。透過總部的銷售部門，榮昌發展了人民銀行等大客戶，只需要在榮昌總部預存一定的金額，客戶的每一名員工就能夠拿到一張榮昌的「一卡通」，並到榮昌分佈在全國的任何一家洗衣店消費了。

只要拿著這張 IC 卡，那怕半夜洗衣店已經關門了，榮昌的顧客只需要在門口的機器上輕輕地刷一下，旁邊的小門就會自動打開，把已經洗好的衣服送到他的手上。更為方便的是，拿著這張卡，顧客能夠在北京的任何一家榮昌洗衣店消費。即使他出差到了上海、深圳、大連、天津、武漢等其他城市的榮昌洗衣店，這張卡片同樣能夠通行無阻。

透過一張小小的 IC 卡，榮昌洗染連鎖集團董事長張榮耀把分佈在全國的 400 多家門店真正地「連」了起來，「鎖」在了一起。

每個月，每家門店根據「一卡通」的消費情況來和榮昌總

部進行結算。透過「一卡通」，榮昌不僅抓住了這些集團客戶，還有效地控制住了各家門店的現金流。

而且，「一卡通」對於新開的加盟店有很大的吸引力。一般情況下，一家新開的加盟店都需要很長的時間才能積累到足夠數量的顧客並達到盈虧平衡點。「雖然現在使用一卡通的客戶還不是很多，但是這個比例正在不斷上升。」

當「一卡通」的發行量足夠大了以後，很多新加盟店就能夠在最短的時間內將居住在附近的「一卡通」用戶發展成為自己的顧客，從而儘快實現盈利，這也會大大激發加盟店對榮昌的向心力。而且，「一卡通」在榮昌的門店中越普及，榮昌對加盟店的控制力度也就越強，因為它已經掌握住了加盟店的資金命脈。

此時，榮昌也就掌握了全部顧客的信息，並能夠利用這些信息去做很多事情。例如，榮昌就能夠根據每座城市客戶不同的消費特點，在不同的時間和地點進行有針對性的市場推廣活動。再例如，客戶還能夠透過「一卡通」來購買榮昌即將推出的洗滌劑等產品，實現交叉銷售。以後，榮昌還會將「一卡通」和電子商務結合起來，客戶將能夠透過 Internet 選擇最合適的洗衣和取衣方式。「例如你透過網上下訂單，如果同時洗一件毛衣和一件羽絨服價格會較高，而同時洗 5 件羽絨服就會便宜很多。」

正是透過「一卡通」，連鎖的力量才真正體現了出來。

當然，要真正實現構想，沒有加盟店的配合是做不到的，而這也正是最大的挑戰所在。

2007 年，將北京市西城區一家效益非常好的加盟店摘了牌，最主要的原因就是這家加盟店雖然生意不錯，卻不願意遵守榮昌的規定，也不願意接受使用「一卡通」的顧客，理由是生意太忙，接不過來。

其實，這裏的關鍵仍然是利益問題。由於很多加盟店都在發行只能用於本店的儲值卡，只有榮昌總部才能發行「一卡通」。但加盟店為了招攬顧客往往厚此薄彼，結果造成了「一卡通」缺乏競爭力──「一卡通」只有 7 折一種折扣，儲值卡最低卻能夠打到 5 折；「一卡通」有使用期限，儲值卡卻沒有。因此，顧客往往更願意辦理儲值卡而不是「一卡通」。雖然東方廣場伊爾薩連鎖店是直營店，但是持卡的顧客中使用「一卡通」的也只有 5%，其他顧客都還在使用儲值卡，包括德勤會計師事務所等集團客戶。估計榮昌所有門店發行的各種卡中，「一卡通」已經佔到了 15%的比例，而如果使用率只佔到 5%的話，說明「一卡通」的使用頻率還相對較低。

這也是榮昌亟待解決的問題。榮昌已經計劃首先在 60 多家直營店中停止發行儲值卡，而全部改為發行「一卡通」。榮昌還將針對不同的細分人群如大客戶和個人客戶分別發行三種不同的「一卡通」，每種卡的折扣率和初始儲值金額都會有所不同。這樣一來，既能夠使「一卡通」更加靈活，又能夠將「一卡通」覆蓋到個人客戶。

下一步，榮昌在加盟店當中強力推行「一卡通」，逐步提升「一卡通」在加盟店中的消費比例。當然，現在就要求各加盟店整齊劃一地取消儲值卡也不太現實，榮昌打算一步一步來。

「總部已經下了通知，我們現在新辦的儲值卡的門檻已經比原來提高了。」最終，儲值卡的折扣率和初始儲值金額將與「一卡通」完全相同。

而且，「一卡通」要發揮更大的效用，建立一套即時的信息系統顯然已經提到了議事日程上來了。「我們現在要與總部結算和共用信息，還是需要把數據導出來帶到總部才行。」2007年榮昌已經開始著手，希望在未來的幾個月內將統一安裝在全國400多家門店的信息系統透過 Internet 連接起來。

借助這張小小的 IC 卡，榮昌希望能夠儘快完成全國的佈局，早日實現自己的洗衣王國夢想。

35 小肥羊連鎖業案例

店面數從最高峰時的 720 多家銳減到 360 家左右，中國最大的本土餐飲企業小肥羊先後取締了 390 家左右不規範的加盟店，店面總數減少了一半但總營業額基本持平，單店經營業績急劇提升。小肥羊究竟是如何做到這一點的？

加盟，還是直營？這是連鎖企業快速擴張時面臨的必然選擇。直營店便於管理，但需要龐大的投資，而且擴張速度慢；開加盟店不佔用企業自有資金，但難以管理。

要找到兩者之間的平衡點，關鍵是要具備對加盟店的管理能

力，而這恰恰是中國連鎖企業面臨的共同難題。

中國最大的餐飲企業小肥羊的店面數從最高峰時的 720 家左右銳減到現在的 360 家左右，先後取締了 390 家左右不規範的加盟店，店面總數減少了一半但總營業額基本持平。

回頭梳理小肥羊的 9 年發展歷史，可以發現 2001～2003 年底是小肥羊經歷「爆炸武加盟」擴張的三年。

2001 年開始吸收加盟後，當年小肥羊總門店數就達到 445 家，到 2003 年底，小肥羊的加盟店穩定在了 610 家左右。在隨後的兩年中，小肥羊基本沒有再開加盟店。至 2005 年底，總門店數達 709 家，其中直營店 80 家，加盟店 629 家。

在這三年中，小肥羊公司以加盟為主要方式在全國擴張，並透過區域主加盟商的方式展開管理，即在各省設立一級加盟商，依靠一級加盟商的餐廳打開市場，吸引更多加盟者，各省後來的加盟者都主要由一級加盟商進行管理，公司總部則主要管理一級加盟商。在初期，一級加盟商以下的幾乎所有新的加盟申請都會被公司總部批准。

在這模式下，小肥羊迅速在中國市場上確立了品牌。

2003 年，小肥羊以年銷售額 30 多億元的業績榮登中國餐飲連鎖企業排行榜的亞軍，僅次於擁有肯德基和必勝客的百勝集團在中國的銷售額。從零起步到成為中國最大的本土餐飲品牌，小肥羊只用了不到 5 年時間。

不過，小肥羊這種以出讓地區總代理權、特許加盟的擴張模式也給自身的發展帶來了很多問題和風險。經歷了最初四年的快速發展之後，過快的加盟和鬆散的管理給企業的經營造成了混亂。中國

各省級市區區 20 萬元的加盟費讓小肥羊的門檻陡然降低，但標準
降低的後果是進入者層次混亂。雖然門店在口味上統一，但是管理
參差不齊，價格體系也十分混亂。市場上各式各樣的「小肥羊」層
出不窮；更糟糕的是，仿冒者紛紛湧現，對小肥羊的品牌傷害很大。

　　從 2001 年推廣特許加盟的經營模式後，各界對小肥羊褒貶不
一。

　　幸運的是，小肥羊在超速成長的路途中關注到了超速成長背後
留下的空白：一方面是總部的採購與物流體系的落後，使得原料的
配送和保鮮問題日益突出，許多分店長為此困擾不已。同時，總部
對特許加盟店控制力不足，就難以在品質、品牌以及管理上進行統
一，這也是連鎖經營最忌諱之處。用幾家單店的管理系統來管理 700
家店面，拿管理 1 億元企業的辦法來管理 30 億元的大企業，差距
和效果都非同小可，小肥羊所需要改造的問題已經不是局部的調
整，而是已升級為整個企業的流程再造問題。

　　在眾多連鎖加盟企業中，很多盟主的連鎖店總數達到幾百家，
但是其中直營店只有幾家，不到總店數的 1%。這就是說，在目前特
許經營階段，相當一部份盟主(特許人)實際上是在賣牌子，他們基
本不具備自己做好直營店、管理好連續體系的能力，或者說他們更
多的心思是收取定額的加盟費來經營，而不是想著和加盟商(被特
許人)一起把特許業務共同做大做好。兩者的關係更多是在靠著一
張合約來維持，除了「單一合約管理」之外，基本上沒有其他管理
手段。

　　不斷顯現的問題讓小肥羊意識到，這樣下去會失控的。於是
2002 年底，小肥羊關閉了加盟大門，開始進行整改。

　　經過一番研究後，小肥羊做出了重大的戰略調整：把全國市場分成五個大區，每個區設一個總經理全面管理；減少加盟店，增加直營店。

　　幾年狂奔，小肥羊開始進入了第一次盤整期。

　　2004 年，蒙牛公司在香港上市，原先一直對上市不上市持無所謂態度的小肥羊董事長坐不住了，他給為蒙牛打電話，催他來小肥羊工作，同時給蒙牛董事長寫信「直接要人」。2004 年下半年，盧文兵正式來到了小肥羊，出任公司常務副總裁，成為事實上的 CEO。

　　自此，小肥羊公司在指向上市的同時，開始了歷時四年的內部整改。

　　上市融資對於私營企業的吸引力非常大，然而當時小肥羊公司的財務現狀與上市所要求的嚴格的財務規範同樣距離非常之大。

　　首先是從財務制度開始的，這是做大公司的第一步，小肥羊首先推行的就是財務規範。2004 年 8 月，公司招聘了專業財務人員對公司的財務管理逐步加以規範：建立財務範本，讓營業收入變得透明；制定全國所有直營店達到規範財務的時間表；推行信息化管理系統建設，讓每個直營店都能使用新建的餐飲信息系統。

　　曾經問過安永會計師事務所一個問題：「對於一個餐飲企業，怎麼判斷銷售收入是真實的？」諮詢師回答說，必須在店裏有完善的餐飲信息系統，否則無法相信銷售收入數據的真實性。

　　2004 年底，小肥羊建立自己的財務範本的基礎上開始了信息化管理。2004 年底，公司首先在每個直營店安裝餐飲財務信息系統，該系統是中國最早的餐飲信息系統，這樣管理部門從原料到成

品、從庫房到餐廳,都能夠對成本實行嚴格控制,而且從開單、上菜、收銀到財務,也可以做到全流程監控。2005 年中,小肥羊使用 ERP 系統。

在建立起財務信息系統之後,小肥羊又使用這些系統對財務人員進行培訓。一番努力終於沒有白費,2005 年底小肥羊的財務報告一次性地順利透過了國際四大會計師事務所之一安永的審計。前來洽談的國際投資機構對小肥羊進行外部審計和財務盡職調查之後,也十分滿意。

2006 年 7 月,小肥羊成功引進普凱基金的 2500 萬美元,成為第一個引進國際資本的本土餐飲企業。

國際投資機構的進入,小肥羊公司開始以上市為目標重新審視過去的發展戰略了。如果不考慮上市,小肥羊公司在繼續發展加盟店的同時,對原有的加盟店進行整改、加強管理和服務,同時輔之以發展直營店,也一定是一個非常賺錢的企業。而如果要上市,儘管小肥羊品牌名下的銷售額很大,達數十億元,但是能合併到內蒙古小肥羊公司財務報表中的數字卻並沒有那麼多,只有幾分之一,這樣公司上市的收益和投資人的收益都會大打折扣。

2006 年初,小肥羊聘請國際知名戰略諮詢公司羅蘭‧貝格進行業務盡職調查時得出結論:小肥羊中國市場容量至少為 1500 家。基於中國市場如此巨大的潛力,大力發展直營店是投資方和創業團隊雙方一致認定的目標,小肥羊將融資主要用於增開直營店、收購加盟店和加強鞏固後台保障系統等方面。對於合約到期仍然經營不善的餐廳,公司禁止加盟主繼續經營。

對於各個地區的管理,小肥羊正在逐步收回在各地的總代理

權，業績突出的總代理將被公司吸納成為當地分公司的股東，繼續
負責所在地業務發展，承擔分公司風險並參與分成。例如，小肥羊
甘肅總代理在 2006 年升格為小肥羊西北分公司。這意味著原先總
代理擁有的開展特許加盟業務等權利將收回到總公司，集團對原先
總代理管理下的加盟店將具有直接管理權。「即使是總代理自己新
開加盟店，也需要經過總部的批准」。

　　另外，在這一階段公司支持二次加盟，還對好的加盟商予以「收
編」，透過參股、控股等方式加強與加盟店的合作。

　　在 5 年時間內，小肥羊公司發展戰略經歷了三次比較大的調整
和梳理。從 2002 年底開始，小肥羊採取了一系列措施以扭轉加盟
市場的混亂局面，核心是調整加盟政策，由原來的「以加盟為主，
重點直營」變為「以直營為主，規範加盟」。直到 2007 年 5 月，小
肥羊的公司發展戰略更加清晰，一、二線城市以直營為主，僅在三、
四線城市有限度地發展加盟。

　　小肥羊加盟市場經過近四年清理整頓與內部整合，現各級店面
規範梳理完畢，加盟服務與管理水準不斷提升，特許經營體系逐步
完善。

　　中餐的標準化一直為業界所詬病，甚至有人想當然地認為「中
餐不可能標準化」。其實，把標準化推向極致的洋速食，來到中國
之後近幾年也開始本地化，把一些中餐品種引入了它的產品目錄，
標準化做得和洋速食一樣成功。這證明中餐是可以標準化的。

　　小肥羊的標準化從創業時就開始了。1999 年，小肥羊創始人
在傳統涮羊肉火鍋的基礎上開發出不蘸調料的吃法，用總部統一配
送的湯料將火鍋味道鎖定在鍋底，加上統一配送的羔羊肉，使得中

餐的標準化在小肥羊成為可能。

已經完全標準化的產品，包括火鍋底料和羊肉，是小肥羊的兩大核心技術。

目前，小肥羊公司已經擁有自己的生產火鍋底料的調味品公司和生產羊肉的基地。在調味品工廠，保證任何一個小肥羊火鍋店口味一致的火鍋底料，經過了幾十道工序從生產流水線上源源不斷下來。而且，任何一個人進入該工廠時都需要像進入藥廠工廠一樣，經過「換衣→戴帽→穿鞋套→戴口罩→雙手消毒」等嚴格的環節。據悉，小肥羊調味品公司已經拿到了出口企業的資質，達到了出口企業的產品、衛生標準。

小肥羊使用的 IT 信息管理系統，不僅幫助實現了總部對分店的即時監控和日益增多的店面管理，更保證了各分店在菜品、管理、服務上的標準化。

如果說像羊肉這些不需要烹調的食品具備標準化的可能性，那麼，對於小肥羊提供的多種涼菜，又如何做到標準化？

在小肥羊每家餐廳，每種菜品都有明確的配料表，例如一盤涼拌黃瓜，對黃瓜、油鹽醬醋等材料的重量規定全部精確到克，只允許有 2%的誤差範圍，後廚的涼菜師需要嚴格按照標準執行、廚師操作時也要根據配量表，拿著專門的刻度量杯和小勺量取調味品。每種蔬菜、調味品的進貨數額按標準能夠產生多少盤菜，都有預先設定好的理論值，每天盤點後只需拿實際值和理論值對比，就可監控廚師是否按照標準操作。小肥羊由此實現了菜品製作標準化、口味標準化。

以羊肉為例，所有店面的羊肉全部是透過小肥羊總部羊肉基地

配送來的,也就是說一捲羊肉的重量是一個標準值。小肥羊規定一盤羊肉的重量是 400 克,每捲羊肉拋去損耗,能被切成多少盤羊肉也是一個標準值,再加上羊肉進貨和每盤羊肉的銷售,信息系統都有記錄。因此盤點後,總部就能看到當天一共用了多少捲羊肉、應該切出多少盤,再與餐廳當天銷售的羊肉盤數進行對比,就很容易知道廚師在裝盤時羊肉分量是否合乎標準,如果分量不達標,相關廚師會受到嚴懲。

為了保證原材料的標準,小肥羊從開第一家加盟店時,就注重物流配送中心的建設。目前,他們已經建立了強大的配送網,總部有羊肉、調味品加工基地,並在北京、深圳、上海等 6 個城市建立了分倉,僱用專業的冷鏈合作車隊,向全國 300 家左右店面配送包括羊肉、底料、餐具、服裝等在內的物料,盡一切可能保證菜品、服務的標準化。

透過統一的 IT 平台,小肥羊總部還可以靈活地根據需要,進行菜品的增加、變價、原材料調配等操作,總部相關業務部門只需要在系統中更改某菜品的價格,全國各家門店的系統內的相關數據就會自動變更。在 IT 的支撐下,小肥羊在價格上的統一與標準化輕而易舉得到了實現。

現在,小肥羊正在全國推行會員卡,其所有卡均能夠實現全國通用。至此,小肥羊在菜品與管理上的標準化開始向服務標準化延伸。透過信息系統,小肥羊對會員的促銷,也可以進行有效管理。當總部在系統中設計好促銷方案、選定促銷範圍或分店後,系統會自動將促銷方案下發到相應的餐廳,根據促銷時間、自動對每位會員執行促銷政策。

　　在經歷過瘋狂擴張、短暫的類似「單一合約管理」階段之後，小肥羊在 2002 年底毅然宣佈暫時停止擴大加盟店，只開設直營店，同時在北京成立加盟管理部門，將所有加盟店納入這個部門進行專門管理。該部門的管理團隊從以前的 4 個人擴充至 20 多人，以前的單一合約管理，被擴展至加盟商選擇、員工培訓、運營指導、促銷活動等全流程體系管理。這個部門從選址、店面設計裝修、物品採購、服務流程等各方面對加盟店進行標準化管理和監督。

　　大規模的信息化建設在小肥羊的這場整改運動中起到了至關重要的作用。2004 年，是小肥羊的信息化元年。這一年他們不僅提出了信息化建設的目標，還快速組建了信息中心。從 2005 年下半年開始，信息中心快馬加鞭，按照「平均 3 天一家新店」的速度在各店面推廣這套管理系統。現在，他們已完成所有直營店（一百餘家）和近百家加盟店的實施工作。

　　小肥羊還建立了養殖——生產——配送——銷售一體化的供應鏈體系，並新實施了集團財務系統。小肥羊的中餐連鎖運營管理系統是構建在統一數據庫的網路應用平台上，各分店只需要使用而不需安裝系統，這大大縮短了系統實施的時間。小肥羊現在有 2/3 的店面實現了信息化管理，信息的及時性、準確性帶來的業務效果卻非常好，標準化、規範化管理成效已經顯現。

　　小肥羊已經開始實行按照營業額收取加盟費的新舉措。按照常理，一些加盟商可能會拒絕這套 IT 系統，低報營業額，從而少交加盟費。那麼，這套 IT 系統對加盟商有那些好處呢？

　　實際上，IT 系統可以有效杜絕餐飲企業最頭疼的「跑冒滴漏」現象，降低了加盟店的開店風險。以前，在定額加盟費的合作方式

下，小肥羊很多店的管理者為了賺取更多的利潤，經常少算成本、多算利潤，總部如果不到店面去檢查，根本無法發現問題。現在，透過供應鏈管理系統及閘店管理系統的集成，系統會自動對配送中心的每一筆出貨和門店每一筆進貨及閘店銷售信息做比對，那些材料用了多少、應該剩多少，清晰可查。

讓加盟商頭疼的收銀員與後廚的「搞鬼」現象也得以避免。過去，小肥羊的門店都是用手工點菜、靠紙制單據結賬，有些收銀員會在客人結完賬之後，私下將帳單中的一兩種菜劃掉，這樣每單自己就能多收入十多元，一天下來就能貪一百多元。後廚也有類似的事情，員工們隨便取用或偷盜油鹽醬醋或鍋碗瓢勺，店老闆根本無據可查。現在，信息系統內的數據一旦錄入便不可更改，每一筆銷售、每一樣物品都在電腦中清晰可查。信息中心還開發了低值易耗品、固定資產管理模塊，將店內所有物品，大到電腦、小到一把勺子都納入系統的管轄範圍，有效地控制了「跑冒滴漏」。

在信息系統的支撐下，小肥羊的成本核算可以做到單個菜品。每月他們會統計每種菜品的毛利率，有針對性地對那些點擊率高、毛利率也高的產品進行特別宣傳，並且淘汰掉低利潤又不太受歡迎的菜品。

餐飲業人士常說，在餐飲企業進行信息化管理很難，在連鎖餐飲企業實行信息化更難。這是因為，中國餐飲業標準化水準低，餐飲行業員工的電腦水準很低，等等。而小肥羊的信息化建設卻做得有聲有色，剛入選國家信息化評測中心的 2007 年中國企業信息化 500 強榜單，成為唯一一家連續 3 年上榜的中餐企業。

現在，小肥羊上至總裁，下到財務、運營等各業務部門的負責

人，大家每天早晨上班的第一件事就是打開電腦，看公司前一天的財物報表和日經營統計結果。如此及時地看到財物報表，在別的中餐餐飲企業幾乎難以想像，因為中國大多數餐飲企業如今仍然是每週乃至每月才盤點一次。小肥羊所有應用了餐飲管理系統的門店已經可以做到日盤點。不僅如此，這些門店每天的進銷存信息，總部可即時查看。信息的及時和透明，大大提高了總部對眾多店面異常情況的監控。

「IT 系統可以突破中餐難以標準化、規範化的痼疾，可以把我們的商業模式進行固化，使得小肥羊更好地透過複製完成做強、做大的發展目標。」盧文兵說。透過 3 年多的信息化和管理強化，小肥羊對加盟店的管理力度越來越強。

雖然目前小肥羊連鎖店數與高峰期相比減少了一半以上，但是它的精品店卻越來越多。盧文兵對小肥羊未來的發展充滿信心，一方面是有充足的資金支援，另一方面是他找到了將中餐進行標準化複製的載體信息化管理平台，並健全了「全流程體系管理」。

一次歷時 4 年的加盟店「整改行動」，表面上看只針對加盟店，而事實上牽一髮而動全身，小肥羊集團在這 4 年中已經完成了一次由外而內、從上到下的脫胎換骨的全方位升級和變革。

360 家左右店面，分佈在全國 20 多個省份和多個國家，而且加盟店佔大比例，又要在加盟店推行與直營店相同的管理，如果想要在大的方面保持步調統一，沒有一個強有力的總部顯然是做不到的。

對於已經走過瘋狂擴張期和調整期的小肥羊來說，決定企業持續成功與否的重點已不再是年年攀高的店面數量和總銷售額，而是

它對這個日益龐大的連鎖體系的管理能力和控制能力，這才是小肥羊實現「國際化百年老店」的核心力量。

36 連鎖業吸引資金的誤解

許多連鎖企業要引進私募股權投資，但是，對這方面仍然存在認識上的偏失，缺乏對私募股權投資基金實際運作的真正瞭解，主要表現在以下方面：

1. 「我有充足的現金流，不需要風險投資。」

一些經營狀況不錯的企業逐步進入了成長期，獲得了穩定的現金流，自認為手中有錢，不需要引進風險投資。實際上，如果企業不能快速發展壯大，那麼這些企業今天的地位很可能遭到重新洗牌，特別作為中小規模民營企業，在銀行融資管道不暢、上市融資成本過高的情況下，引進風險投資似乎成為較好的出路。況且它是一種權益投資，風險投資人的著眼點，不在於短期的利潤，而在於長期的所有者權益的增值，這無疑為企業的進一步擴張和發展創造了更多的有利條件。因此，以現在的資金狀況的良好來否定風投的作用，是一種短視的表現。

2. 「我公司如此出色，你們為什麼還不投？」

有一些企業實力很雄厚，擁有高品質的產品、暢捷的管道、高效的行銷、忠誠的客戶，有的甚至已穩居行業龍頭多年，與第一類

企業不同，這些企業很重視融資，已經接觸了不少風投機構，也有一定的融資經驗，但至今沒有成功。這些企業在抱怨「我如此出色，你們為什麼還不投？」的同時，卻不去反省自身的市場前景、核心團隊、技術壁壘、商業模式、融資計劃等硬指標是否真正達到了風投機構的要求，是否還忽略了其他重要因素。例如有些基金本身只有 4 年的投資期，假如要等到 5 年以後才能退出掙錢，那麼不管這個企業前景多麼誘人，投資家都不會介入的。因此，在追求風投之前，企業要盡可能地摸清風投基金的底細，以免做無用功。

3.風投機構只投資於風險較高的高新技術企業

一些企業認為，所謂風險投資，無外乎把資金投向蘊藏著高風險、高回報的高新技術開發領域，卻忽略了風投機構也是一個公司，也是以經濟利益的最大化作為所追尋的根本目標。從這個意義上講，風險投資機構也是很怕風險的。

基於這種原因，風投機構已經突破了只投高新技術企業的傳統，技術含量不高但市場前景很好的小天鵝火鍋照樣獲得了風險投資的青睞。著名的 IDG 更是於近日成立了專門投資於傳媒和文化產業的專項基金。

4.風投就是「瘋投」

有些企業連最基本的風險投資與私募股權投資常識都不甚瞭解，便盲目地追求融資，最終只能失敗。

例如，一個做新媒體的企業與一個專投環保產業的風險投資機構很難洽談成功，因為風險投資與私募股權投資機構通常有較為明確的專業領域限制，一個機構一般只在某個或某幾個行業內進行投資，而一些民營企業似乎沒有認識到這些。有些企業，甚至連商業

計劃書都不能製作專業,還有些連自己是處在種子期還是成長期都不能分辨,更有甚者連「要在 5 分鐘內能夠讓投資家對自己感興趣」這樣最淺顯的道理都不知道,只是一味地站在自己的立場侃侃而談,卻不考慮風險投資與私募股權投資者利益,這樣只能是白耗精力。

5.過度包裝或不包裝

有些企業為了融資,不惜一切代價粉飾財務報表甚至造假,財務數據脫離了企業的基本經營狀況。另一些企業認為自己經營效益好,應該很容易取得融資,不願意花時間及精力去包裝企業,不知道資金方看重的不止是企業短期的利潤,企業的長期發展前景及企業面臨的風險是資金方更為重視的方面。

6.缺乏長期規劃,忽視企業內部管理

多數企業都是在企業面臨資金困難時才想到去融資,不瞭解資本的本性是逐利而不是救急,更不是慈善。企業在正常經營時就應該考慮融資策略,和資金方建立廣泛聯繫。還有些企業融資時只想到要錢,一些基礎工作也不及時去做。企業融資前,應該先將企業梳理一遍,理清企業的產權關係、資產權屬關係、關聯企業間的關係,把企業及公司業務清晰地展示在投資者面前,讓投資者和債權人放心。

7.只認錢,不認人;只想融資,不想規範化

民營企業急於融資,沒有考慮融資後對企業經營發展的影響。民營企業融資時除了資金,還應考慮投資方在企業經營、企業發展方面對企業是否有幫助,是否能提升企業的價值。企業融資是企業成長的過程,也是企業走向規範化的過程。民營企業在融資過程

中，應不斷促進企業走向規範化，通過企業規範化來提升企業融資能力。

8. 只顧擴張，不建立合理的公司治理結構

很多民營企業通過融資不斷擴張，但企業管理卻依然粗放、鬆散，投資方面更是隨意和衝動。隨著企業擴張，企業應不斷完善公司治理結構，使公司決策走上規範、科學的道路，通過規範化的決策和管理來規避企業擴張過程中的經營風險。

37 VC 會錯過好投資項目

Bessemer Venture Partners(BVP)是美國一家創辦有近 100 年歷史的著名 VC，他們已經成功幫助 100 多家企業在納斯達克等全球各地的證券交易所成功上市，《福布斯》在 2006 年排出的 100 名高科技投資人當中，BVP 佔有 4 個席位。即便如此，他們卻錯過了 Intel、蘋果電腦、Lotus、Compaq 等一大批知名公司，而這些公司間接成就了紅杉資本(Sequoia Capital)、KPCB 等全球 VC 標杆的地位。BVP 的合作人在蘋果電腦上市前的 Pre-IPO 融資中，他們認為價格「太貴了」；而 BVP 還認為 eBay 是「只有沒腦子的人才會看上它」；對於聯邦快遞，他們有 7 次投資機會都沒有投。

事實上，VC 界錯過好項目的事情並不罕見，不過卻很少有 VC 敢於公開出來，有少量 VC 至多也只是在公司內部討論或者檢討自

己的過失，因為大家都懂得「成功的案例才是賺錢和炫耀的資本」的道理。歷史上有很多成立比 BVP 晚好多年的 VC 早就沒了蹤影。為什麼 BVP 能夠一直活下來，還活得不錯？其實，優秀的 VC 並不是永遠都不會錯過好項目、不投資壞項目，而是犯的錯誤比別人少一點，抓住的機會比別人多一點而已。

既然連成功的 VC 都會看走眼、放過好項目，那麼下一次創業者再被 VC 拒絕的時候，就沒有必要妄自菲薄，從而喪失繼續尋找 VC 的信心了。

一、VC 的傲慢與無知

很多 VC 都很出色，對待創業者也很友善。當然也有許多並不怎麼樣，無論是做人還是做投資，他們有各種各樣的缺點，但基本都有一個傲慢自大的共性。這些傲慢的 VC 認為自己無所不知，通常在各種會議、論壇裏高談闊論。在跟創業者見面的時候，他們還沒有聽明白創業者說的是什麼，就開始對創業者進行批判，並且「指導」他們應該怎麼做。

這些 VC 多數是那種想要顯示自己有多麼聰明的年輕 VC，其實他們沒幹過什麼，只是讀過 MBA、在國外投行幹過，然後想辦法混進 VC 公司，對行業沒有多深的瞭解，甚至對企業的運營可能一竅不通。

另外一種 VC 也很令人討厭，他們以前是成功的創業者。因為他們通常有豐富的創業經驗，覺得自己可能會給創業者很多幫助，於是他就忽視自己作為 VC 和創業者之間的界限，不是去全力支持

創業者，通過董事會來解決企業出現的問題，而是參與到企業的日常運營中去，干預創業者對企業的掌控，他們可能認為創業者就是為 VC 打工的，創業者要依賴和聽命於 VC。而真正優秀的 VC，知道不管自己曾經多麼成功、經驗多麼豐富，但投資之後，他們就需要信任和依賴創業者。

還有一類比較初級的 VC，他們把創業者當作免費的老師。想要瞭解那個行業和領域，就以 VC 的身份、投資的名義，找一批這方面的創業者過來聊，創業者通常會受寵若驚，知無不言、言無不盡。一圈聊下來，VC 成了半個「專家」，創業者們給 VC 做了免費的培訓。如果創業者能夠提供詳細的商業計劃書，並且在商業計劃書中進行詳細的行業分析、競爭對手分析，那麼 VC 就更喜歡了，這樣他們不但瞭解該行業，掃描了一遍這個行業的項目，還跟創業者交上朋友（以後持續學習、幫忙評估項目、推薦項目等都用得著），一舉多得。

二、VC 不會投資有風險的公司

VC 被稱為風險投資其實是不太合適的，更好的叫法應該是「創業投資」，是針對初創和成長期的創業企業進行投資。在美國，VC 主要投的是商業模式有比較大的擴展性、比較輕資產以及新經濟相關聯的初創公司。例如：TMT 領域、替代能源、環保和生物科技。

VC 被稱作風險投資，並不是他們願意承擔風險。恰恰相反，他們最根本的原則是通過前期的盡職調查，以及投資後的協定控制，要儘量規避和降低投資風險。

　　VC 經常投資更為成熟的項目，這也是一種規避投資風險的方式。說實話，VC 可稱為「Very Conservative」（非常保守）可能更為恰當，因為他們之中的大部份人都在做 PE 的工作，而不太願意投資偏早期的項目。這種情況可能是因為成熟的好項目實在是太多了；另外，這種風險小的投資，容易讓 VC 獲得成功案例，這對於他們在 VC 圈裏生存是很有幫助的。

　　如果創業者只有發明專利或創意想法，那就不要勞神費力去找 VC 了，離 VC 要求的距離還有十萬八千里呢！

　　VC 也確實投資過一些 TMT 領域的項目，例如最早的新浪、百度等. 在 2003 年 Web2.0 推出之後，更是有一種拷貝美國 Internet 商業模式的公司從 VC 那裏拿到大把的美金，好像那家 VC 沒有投資一兩個 Web2.0 的項目就喪失了一個巨大的金礦一樣，這個過程一直持續到 2006 年底。可是美國模式在中國不好使，中國終究沒有出現 Youtube、Myspace、Facebook 一樣級別的公司。

　　於是中國的 VC 開始尋找新的投資方向，從 2006、2007 年開始，一大批在成熟的 VC 市場無人問津甚至已經過氣的行業，卻在中國突然成了香餑餑。例如：種茶種菜的、養雞養豬的、剪頭洗腳的、制衣制鞋的、賣水餃賣火鍋的等企業成為 VC 追逐的一個趨勢。這些被投資的企業的共同特點是：傳統生產服務行業、企業規模很大、企業處於成熟期以及短期內(2～3 年)有上市的可能。

　　通常的看法是 VC 可以促進科技創新，這也是無稽之談，基本上 VC 沒有幾家會投資研發型的公司。相反，對於抄襲國外現成商業模式的項目或者拿錢可以快速複製的項目，他們卻是一窩蜂撲上去。所以，我們看不到幾家 VC 投資的公司研發出了什麼晶片、新

藥、精密儀器等高新產品，卻看到他們把幾十億美元投進一大堆沒有創意的視頻網站、大肆製造視覺垃圾的廣告公司等項目上，VC的這些投資已經造成了某些行業的虛假繁榮。

對 VC 來說，他們的唯一目的是獲得投資回報。所以，他們為了達到目的，有時會投資一家沒有社會公德的公司，只要這個公司能為他掙錢。有時候天使投資人倒是願意通過支持和幫助創業者的方式來回饋社會。所以，他們經常願意投資那些初創的、風險更大一些的、有一定社會意義的項目。

三、VC 本身也差錢

VC 基金通常有 10 年左右的生命期，VC 公司可能在前 4～5 年要把錢全部投出去，後面幾年把投資的項目退出，從而實現投資回報。通常，GP 會把一半左右的資金用於新公司的初次投資，另外一半用於後續追加投資。例如，一個 1 億美元的 VC 基金，5000 萬左右會用於對新項目進行次投資，如果這些項目中的一些發展不錯，另外 5000 萬左右就用於追加投資。從這個角度看，對於初次向 VC 融資的創業者而言，VC 基金的規模比實際數字要小一半左右。

對於佔主流(有限合夥制)的 VC 基金，其資金主要有兩個來源：機構投資者和非常富有的個人，包括公共養老基金、公司養老基金、保險公司、富裕個人、捐贈基金等。根據全美風險投資協會(NVCA)的報告，機構投資者(VC 出資人)自身的資產配置中，有 50%～60%是投資於上市公司的股票，20%～30%是投資於債券，投資給PE 和 VC 這類私募股權的比例都很小，通常是 5%左右。這些出資人

並不是在 VC 基金設立之初就投入全部資金，而是採取承諾制，就是說按照基金的投資進度（4～5 年），分期分批出資。

在 2008～2009 年這次金融危機中，全世界股市跳水，很多 VC 出資人的上市公司股票資產嚴重縮水。相對而言，他們承諾給 VC 基金的資金卻佔據了更多的比例，這就違反了他們自身的資產配置原則。於是，很多 VC 出資人被迫違約，放棄對 VC 基金繼續出資，這就導致很多 VC 基金實際可以投資的資金要小於號稱的基金規模。

還有一點，VC 公司管理 VC 基金是要收取管理費的，通常管理費是基金總額的一個比例，每年 2%左右，管理費在基金存續期內每年收取。實際上 VC 公司可用於投資的資金要比看起來小很多，因此他們是差錢的。

對於 VC 公司的合夥人，他們拿著豐厚的管理費，似乎不差錢。但也有例外，像合夥制基金，有些出資人是按實際出資額給管理費，例如 1 億規模的基金，如果第一年出資人只給 VC 基金出資 1000 萬，VC 公司的管理費就只有 1000 萬的 2%——即 20 萬，那 VC 公司的合夥人就差錢了。更有甚者，有些出資人是按實際投資額給管理費，如果那一年 VC 公司沒有投資一個項目，那就沒有管理費，VC 公司就更差錢了。

四、VC 不會提供什麼增值服務

國外的 VC 大部份都是四五十歲的人在運營，有很多做得極為出色的 VC 都超過 60 歲了。合夥人級別的 VC，甚至是投資經理，

他們大部份都是在某個行業闖蕩了很多年，已經對一些行業非常熟悉。

優秀的 VC 公司由於其合夥人有廣泛的行業關係和豐富的企業管理經驗，確實能夠為被投資企業提供很多增值服務，但是也有很多 VC 公司的增值服務只體現在口頭上的空談。

VC 常常宣稱的增值服務有以下幾種：

⑴幫助企業進在市場拓展。要提供這項增值服務，VC 必須對市場行銷有很豐富的經驗，可事實上絕大多數 VC 合夥人並沒有市場行銷的工作經驗和背景，他們更多的是財務、投行、技術等工作經歷，而真正做市場行銷出身的 VC 非常少。

⑵提升公司品牌。媒體對 VC 的關注跟普通老百姓對 VC 的關注有巨大的差異。VC 投資了公司，可能對於公司在資本市場上有一定的「被認可」的效應。但對於消費公司產品或服務的老百姓來說，這樣還不如在電視或報紙上做個廣告來的有效。

⑶物色高級管理團隊。VC 通常有非常廣泛的人脈資源，但事實上他們找來的職業經理人未必稱職，他們可能對 VC 更忠誠，他們可能有大企業的經營管理經驗，但未必適應創業企業，他們空降到公司之後可能導致無法服眾，他們進入公司很可能引起新的矛盾而且會增加經營成本。

⑷規範公司的財務管理。的確，在 VC 投資之前，絕大多數公司的財務管理是比較混亂的，但這基本上不會影響公司賺錢，否則VC 也不會投資。VC 聲稱可以協助企業規範財務管理，可實際上絕大多數 VC 合夥人並不熟悉財務管理工作，他們最多就是幫企業聘請一位 CFO。如果公司真的需要規範化財務管理，他們完全可以自

已請一個有經驗的會計師或者請財務諮詢公司幫忙。

當然，VC 還可以提供很多其他增值服務，例如「戰略」、「上市」等。有些 VC 公司只有那麼三五個合夥人，而一年要投資十多個項目，平均每個合夥人需要在十多家公司做董事，他是如何給公司提供增值服務的，估計他自己都不知道。大部份 VC 只是在被投資的公司做得非常好或者非常糟糕的時候，才會出來參與一下。

五、VC 不會控制公司

很多創業者在找 VC 之前最為擔心的是 VC 投資之後會控股公司，這便導致以後創業者無法在公司做主了。

這種擔心是多餘的，VC 之所以投資某個公司，並不是想去控制公司的運營，而是看到這家公司或這個創業者能夠把公司做大。他們希望能搭搭順風車，跟著創業者一起賺錢。他們也擔心創業者無法控制公司，無法對公司的發展做主，或者是創業者沒有前進的動力。VC 想要降低創業者的這種顧慮，通常在第一輪投資的時候，只要求 30%左右的股份，從而保證創業者還是大股東，即便經過後續一兩輪的融資稀釋，創業者還會持有可能超過 50%的股份，在這種情況下，他就有足夠經濟利益和公司的話語權，使他埋頭拼命做好公司，否則他隨時都想著去找個高薪的工作，做個甩手掌櫃。

當然，如果創業者在公司做大之後，發現自己能力的不足，願意把公司管理權讓賢給 VC 認可的職業經理人，自己只做股東，VC 也是可以接受的。

說 VC 不會控制公司，並不表示 VC 不監管公司。為了保證投資

的安全，VC 會通過簽署投資協定、進入董事會、派財務總監等管理方式，對公司的運營進行監管。

投資協定可以看做是創業者和 VC 之間的「君子約定」，而我們的法律體系和政策並不支持美國 VC 那些常規的並對投資者進行保護的協議條款。例如：優先股的權利、投資人董事的否決權、動用大筆資金銀行需查看「董事會決議」等，這是造成大量創業者「出軌」事件的外因。即使這樣，VC 也只能打掉牙往肚子裏咽，誰叫他識人不善呢。

38 過半數控股的直營戰略

盟主和加盟商的關係本來非常簡單，加盟商透過付費取得盟主的品牌、管理模式、產品等授權，然後自主經營，風險自擔，基本上和資本市場收益的關係不大。

然而，在連鎖企業上市、對接證券市場的刺激下，特許連鎖經營的遊戲規則出現了改變，連鎖企業盟主在拿到外來直接資本前後，紛紛收購加盟店，變加盟店為直營店，而且收購的模式基本相同，絕大多數連鎖企業總部採取了「51%控股式直營」的收購模式。

按照相關會計準則規定，連鎖企業盟主就可以合法地把加盟店的經營業績合併入總公司的財務報表，如果總公司計劃上市或者已經上市，相比經營利潤，連鎖企業盟主和加盟店資本市場的收益顯

然都要大得多。

「51%控股式直營」對連鎖企業盟主的好處容易理解，加盟店也樂意接受這種模式嗎？

根據調查瞭解，大多數加盟商對於連鎖企業總部「51%控股式直營」的做法經歷了一個「不瞭解→擔心→瞭解→積極配合」的過程，因為加盟商發現，凡是採取「51%控股式直營」的連鎖企業總部，其上市都提上了日程，而上市之後加盟商除了能獲得高額的資本收益之外，還能獲得比被控股前更好的發展條件。

一些嗅覺敏銳、擁有資本市場眼光的加盟者獲悉總部或者盟主有上市的計劃，也會主動向總部靠近，希望盟主上市前優先回購自己的股份，從而享受到來自資本市場的收益。但是在不同行業，由於上市後的市盈率存在較大差異，加盟商也並不都情願被收購，例如教育培訓產業由於上市的市盈率普遍比較低，加盟學校的收購難度就比較大，一般盟主都是拿現金才可以進行收購。

在已經對加盟店完成收購的連鎖企業中，百麗公司的「收購加盟店」模式、「用資本重組管道」模式是一個經典案例。在資本圈內，百麗的運作模式早已不是業內的秘密，但是很多連鎖企業還並不十分清楚，「百麗模式」值得那些正在和資本對接、計劃收購加盟商的連鎖企業借鑑。

在 2005 年、2006 年兩年內，百麗透過資本運作的方式收購了 1500 家優質加盟店，利潤從 2004 年的 7500 萬元暴漲到 2006 年的 9.7 億元，增長了 13 倍，從而成就了「內地零售公司的市值之王」。

　　2007 年 5 月 23 日，內地的女鞋龍頭企業百麗國際控股在香港正式掛牌上市，融資 86.6 億港元。上市當天就創造了市值達 789 億港元的神話，一舉超過國美電器當天 360 億港元市值一倍多，成為香港聯交所市值最大的內地零售類上市公司。

　　百麗的上市及其表現震驚了中國制鞋行業、連鎖企業和資本市場，因為此前女鞋品牌百麗在媒體上一貫很少露面，上市當天市值即超越國美，一亮相便勢壓群雄。

　　低調者的異軍突起讓眾多人士大跌眼鏡。因為此前百麗低調處世，而幾十個來自晉江的運動鞋品牌和十幾個服裝品牌在 CCTV-5 頻道中「你方唱罷我登場」。然而幾年過去了，晉江品牌中的大多數並沒有怎麼長大，還是維持幾億元到十幾億元的銷售規模，管道也沒有進一步的擴張。廣告轟炸＋明星代言的行銷策略，沒有辦法幫助這些品牌迅速做大做強，多數品牌依然只能在二三線市場生存。

　　而與此同時，在 2007 年 5 月上市前百麗就發展到了 4000 餘家管道，成為中國鞋業管道最有話語權的品牌。「百麗最有價值的就是它的銷售網路。」

　　迥異的差距來自不同的發展戰略。百麗一直將拓展管道作為其核心戰略，緊盯管道，在管道做到龐大規模之後，又借助資本的整合能力將管道做強，百麗從眾多鞋業品牌中脫穎而出。

　　百麗的成功和與其擅長資本運作、多品牌戰略、縱向一體化的戰略息息相關，但這些競爭優勢都是在其擁有強大的銷售網路的前提下逐漸形成的。「管道是百麗最根本的核心支撐力。」

　　但是百麗的核心管道戰略的形成，在當年卻是一個不得已

而為之的事情。百麗國際的前身為麗華鞋業，是香港人鄧耀創立的。1991 年 10 月，麗華成立中外合資企業深圳百麗鞋業有限公司。「20 世紀 90 年代初，中中國地還沒有對外資開放零售業，因此，帶有港資背景的百麗鞋業還沒有辦法做分銷，於是在不得已的情況下，透過聘用來自內地的總經理盛百椒，將其家族成員和親戚紛紛動員起來，搞了幾十家分銷商，繞過了政策的限制，這才將分銷做起來。」

　　百麗鞋業從一開始就沒有遵循一般的制鞋企業的經營模式和規律，而是將拓展管道作為其核心戰略來進行。而從今天的行銷規律來看，在制鞋業，終端恰恰是一個更好的品牌展示和傳播的管道，透過終端進行品牌的展示和推廣要比廣告傳播更為有效。而當時百麗所採用的核心管道策略，無疑為後來的一系列擴張奠定了堅實的基礎。

　　就這樣，在 20 世紀 90 年代初，百麗鞋業透過總經理和老闆的合作關係，由總經理盛百椒家族控制了下游的分銷管道。但是，鄧耀和盛百椒很快就發現公司對這種代理模式的控制力比較弱，對未來的發展存在一定的經營隱患。於是從 90 年代中期，逐步改為特許專賣模式，透過改組，最終保留了 16 家分銷商，而這些分銷商的職能也發生了變化，主要的職能是幫助公司發展直營連鎖和特許連鎖網點，並為其提供支援和服務。經過這次改革，百麗鞋業的管道擴張速度迅速加快，從 1995 年到 2001 年的六年中，在全國迅速發展了五六百家連鎖零售網點。

　　而在當時的中國鞋類市場，還沒有一家企業採用的是這種集中開連鎖零售店的模式，多數企業都是經銷商＋終端點的模

式。透過這種快速複製的連鎖模式，百麗的管道規模在當時的中國女鞋市場上已經做到了最大，2001 年，百麗女鞋成為中國女鞋產銷量、銷售額最大的品牌。

2002 年 7 月，百麗國際和百麗分銷商共同成立了深圳市百麗投資有限公司(簡稱為百麗投資)。其中鄧耀家族成員和盛百椒家族成員共同持有百麗投資 45%的股份，其他 16 家分銷商持有 55%的股份。這樣百麗國際即與百麗投資訂立獨家分銷協定，代替了先前與個體分銷商訂立的獨家分銷協議。由於兩個家族佔據了百麗投資最大的股份，從而深度介入了這一主要由銷售網路終端組建的公司。透過這種股權安排，鄧耀等創始人顯然加強了對下游銷售終端的控制力，將管道的話語權掌握在自己手裏。

2004 年 4 月，中國頒佈了《外商投資商業領域管理辦法》，明確中外投資者可依法設立外商投資商業企業，從事商業流通領域的經營活動；放寬外方投資者股比約束，取消企業註冊資本和投資者規模等限制性要求。《外商投資商業領域管理辦法》的出台放寬了對外商投資的限制，而此時百麗投資在中國實際控制的零售網點已達到 1681 家。

2004 年年底,百麗投資旗下 1681 家零售店開始逐漸透過改簽租約的方式轉移至離岸公司百麗國際旗下，門店的管理則以重新聘用銷售人員的方式實現轉移；而百麗投資旗下的辦公設備、汽車及無形資產則以 6120 萬元的價格出售給了百麗國際。百麗國際在 2005 年 8 月終止了與百麗投資的獨家分銷協定，並在 2005 年 8 月 24 日開始重組，2005 年 9 月，摩根士丹利旗下

的兩家基金公司以及鼎暉投資以約 2366 萬港元認購了百麗國際部份新股。

「在百麗國際的股權結構中，16 家分銷商佔據了 55%的股份，畢竟對日常的經營決策干擾比較大，而重組後，百麗國際引入基金公司和投資公司這樣的戰略投資者,原來的 16 家分銷商不是退出就是股份被攤薄稀釋。這些戰略投資者並不干預公司的日常經營，但可以幫助百麗更好地和資本市場對接。」在業內資深人士看來，這一舉動是百麗國際向資本市場靠近的標誌。

此外，由於分銷商資金實力有限，不能滿足快速擴張管道和開店的要求，適時引進戰略投資者，還可以拿到更多資金，解決快速開店的資金壓力。從 2005 年 9 月後，百麗的管道再次開始高速擴張，截至上市前的 2007 年 5 月，直營連鎖店已經達到 4800 家。

百麗國際的成功上市，證明百麗的模式非常受資本市場的追捧。那麼，作為一個中國女鞋品牌為什麼如此獲得資本市場的追捧呢？

資本市場給予百麗如此高的市值，與其上市前的資本運作密切相關。

仔細分析上市前三年的財務數據就可以看出百麗迅速躥紅的奧秘：2004 年百麗的銷售收入和利潤分別是 8.7 億元和 7500 萬元，而到了 2006 年這兩個數據暴漲到 62 億元和 9.7 億元，利潤增長了 13 倍。高速的成長率和良好的經營業績，沒有理由不受到資本市場的青睞。

「這樣的增長速度當然會受到資本市場的青睞，但這樣的增長速度更多的是借助資本方式獲得的，這兩年中尤其是 2005 年，百麗透過一系列的收購，百麗國際收購了旗下 1500 家優質的加盟店，直營店的數量大大增長，這樣透過合併財務報表，百麗體現在財務上的營業額和利潤就是一片飄紅了。」一位熟悉百麗資本運作的業內人士表示。

2005 年，百麗公司引入摩根士丹利和鼎暉投資兩家 PE 戰略投資者，融資 2366 萬港元，約佔百麗 4%的股份。從這些數據可以推斷出當時風險投資給出的公司估值大約為 6 億港元，而上市後市值達到了 789 億港元，摩根士丹利和鼎暉的投資回報達 130 倍。

那麼，對於那些在上市前被收購的加盟店而言，雖然被控股，但上市後，其資本增值的倍數帶來的收益比被控股失去的利潤大得多。以百麗公司 2006 年每股盈利 0.1475 港元、每股 6.20 港元 IPO 價格計算，其上市市盈率達到 42 倍。值得注意的是，百麗用的是股權收購，用未來上市後的溢價換取加盟商 51%的股份，從而取得控股地位，上市前並不和加盟商進行分紅，這樣就保證了加盟商的利益，同時又以很低的代價就將 1500 家加盟商的財務數據合併到百麗的賬上，從而給資本市場一個漂亮的成績。

事實上，百麗上市後，那些加盟商也享受到了上市帶來的巨大收益，造就了為數不少的千萬富翁。

在業內人士看來，百麗的成功有很多因素：多品牌戰略、縱向一體化的模式、資本運作能力，但這些要素還是建立在其

龐大的管道體系之上的。

而在百麗的每個發展階段，由於及時進行策略的調整，都順應了市場的需求，有效地促進了管道的進一步擴張：20世紀90年代中的改分銷代理模式為連鎖加盟模式，讓百麗的管道網點在內地女鞋市場上迅速做到了最大；2002年成立百麗投資，則讓百麗國際加強了對下游管道的控制力；2004年、2005年的重組，引進戰略投資者，則讓百麗獲得了足夠的資金，再次開始了高速的管道擴張；2007年香港上市，百麗國際則完全蛻變成了一個資本大鱷，攜上市後的巨額資金，開始了一系列的收購行動。

39 吸引私募股權投資的戰略

一、連鎖業吸引私募股權投資的策略

1. 熟悉融資過程

在進入融資程序之前，首先要瞭解創業投資家對產業的偏好，特別是要瞭解他們對一個投資項目的詳細評審過程。要學會從他們的角度來客觀地分析本企業。很多創業家出身於技術人員，很看重自己的技術，對自己一手創立的企業有很深的感情。其實投資者看重的不是技術，而是由技術、市場、管理團隊等資源配置起來而產

生的盈利模式。投資者要的是回報，不是技術或企業。

2.發現企業的價值

通過對企業技術資料的收集，詳細的市場調查和管理團隊的組合，認真分析從產品到市場、從人員到管理、從現金流到財務狀況、從無形資產到有形資產等方面的優勢、劣勢。把優勢的部份充分地體現出來，對劣勢的部份看怎樣創造條件加以彌補。要注意增加公司的無形資產，實事求是地把企業的價值挖掘出來。

3.寫好商業計劃書

應該說商業計劃書是獲得創業投資的敲門磚。商業計劃書的重要性在於：首先，它使創業投資家快速瞭解項目的概要，評估項目的投資價值，並作為盡職調查與談判的基礎性文件；其次，它作為創業藍圖和行動指南，是企業發展的里程碑。編制商業計劃書的理念是：首先是為客戶創造價值，因為沒有客戶價值就沒有銷售，也就沒有利潤；其次是為投資家提供回報；再次是作為指導企業運行的發展策略。站在投資家的立場上，一份好的商業計劃書應該包括詳細的市場規模和市場佔有率分析；清晰明瞭的商業模式介紹，集技術、管理、市場等方面人才的團隊構建；良好的現金流預測和實事求是的財務計劃。

4.價值評估與盡職調查

隨著接觸深入，如果投資者對該項目產生了興趣，準備做進一步的考察，為此，他將與創業企業簽署一份投資意向書；接下來的工作就是對創業企業的價值評估與盡職調查。通常創業家與投資家對創業企業進行價值評估時著眼點是不一樣的。一方面，創業家總是希望能盡可能提高企業的評估價值；而另一方面，只有當期望收

益能夠補償預期的風險時，投資家才會接受這一定價。所以，創業家要實事求是看待自己的企業，配合投資家做好盡職調查，努力消除信息不對稱的問題。

5.交易談判與協定簽訂

最後，雙方還將就投資金額、投資方式、投資回報如何實現、投資後的管理和權益保證、企業的股權結構和管理結構等問題進行細緻而又艱苦的談判。如達成一致，將簽訂正式的投資協定。在這過程中創業企業要擺正自己的位置，要充分考慮投資家的利益，並在具體的實施中給予足夠的保證。要清楚，吸引創業投資，不僅是資金，還有投資後的增值服務。

二、連鎖業吸引私募股權投資的方法

企業能否吸引風險資本首先取決於企業的自身的內在價值、條件是否能滿足風險資本的評估標準。該標準涉及創業企業的行業發展階段、融資規模和區位特點。

1.企業所處行業

是否處於快速發展且有著超額利潤的行業？或處於創造持續快速增長機會的某一成熟市場中的一個細分市場或一個現存問題新的解決方法？該行業資本市場的容量是否足夠大？

2.企業的發展階段

不同階段的企業融資目的不同，所對應的風險不同，不同的風險投資公司對風險的承受能力不同，所選擇的企業不同。企業成長分為種子期、導入期、成長期和成熟期，相應的風險資本稱為種子

資金、導入資金、營運資金或成長資金。

3.企業的融資規模

不同的創業投資公司具有不同的融資規模要求，出於降低投資風險的要求；管理投資所需時間和成本的考慮；風險資金規模的限制。

三、連鎖業私募股權融資的模式

1.增資擴股

企業向引入的投資者增發新股，融資所得資金全部進入企業，有利於公司的進一步發展。

2.老股東轉讓股權

由老股東向引入的投資者轉讓所持有的新東方股權（當然是高溢價），滿足部份老股東變現的要求，融資所得資金歸老股東所有；例如，易趣在 2008 年 3 月由美國最大的電子商務股份公司 eBay 出了 3000 萬美元買了 30%的股份，2009 年又花 1.5 億美元買了餘下股份。

一般來說，增資和轉讓這兩種方式被混合使用。如無錫尚德在上市前多次採用老股東轉讓股權和增資擴股引進國際戰略投資者。在國外，還有一種常見的安排，即私募股權基金以優先股（或可轉債）入股，通過事先約定的固定分紅來保障最低的投資回報，並且在企業清算時有優先於普通股的分配權。

40 連鎖業能承受 VC 帶來的壓力嗎

　　VC 的工作是給出資人（LP）創造回報，要實現這個目標，他們就要去發掘能成為羚羊的企業。所以，對於一些有出色技術和穩定團隊的公司來說，不要輕易接受 VC 的錢。假如公司只需要很少的資金就可以起步、成長，或者由於產品的特性面臨的競爭、商業模式的限制、市揚容量的限制，如果被併購是一個更可行的出路，那麼遠離 VC 而找週圍的朋友籌一點錢才是更好的選擇。

　　創業者如果拿到 VC 的錢，至少會面臨以下幾個麻煩：

　　1. 公司小規模退出的可能性沒有了，即便有，創始人也不太可能掙到什麼錢。例如上面那個例子，即便公司最後以 1 億的價格出售了，創始人 18%的股權能夠得到多少呢？是 1800 萬嗎？錯！因為 VC 通常在投資協定中會要求優先清算權、參與分配權和最低回報倍數，假如 VC 要求的最低回報倍數是 3 倍，並且有參與分配權的話，VC 先拿走投資額 2000 萬的 3 倍，即 6000 萬。對於剩下的 4000 萬，包括 VC 在內的全體股東按照股權比例分配，所以，創始人最後只能得到 720 萬，而 VC（40%股權）還可以分配到 1600 萬，合計獲得 7600 萬。

　　VC 的錢就像是火箭燃料，希望能夠儘快把你的公司送上「太空軌道」，使得公司快速發展，收入規模大幅提升。但是，這可能跟你的經濟利益並不一致（你原本每年可以有百八十萬分紅的），或

者超出了你的能力範圍，在 VC 的助力下，你原來想跑，但公司可能會朝著一個不一定合適或者最佳的方向飛去。

2.你願意放棄一部份股份和控制權嗎？真的要做 VC 融資嗎？這好比是開車上高速公路，中途沒有出口，出口在遙遠的地方，叫做「IPO 上市」或者「被併購」。創業者只有在這條路上一直開下去，要麼順順利利開到底，要麼人仰馬翻地衝破高速公路護欄，公司破產清算結束。

在這條高速公路上開車是有規則的，走上 VC 融資道路的公司也是有規則的。

首先，你要給 VC 一部份股權，可能是比較大的比例。例如，第一輪 VC 就出讓超過 30%，第二輪、第三輪融資之後，你剩下的股權就不到 50%了。這很正常，不要說不想放棄公司的所有權，不願出讓太多的股份，可是除此之外你還能給投資人什麼呢？投資人不需要你的「好創意」，他們只希望能從自己投下去的錢裏獲得合理回報。如果你現在就在抱怨他們搶奪了你的利益，並且你有把握融到錢的話，那就別向 VC 融資。

把蛋糕做大才是關鍵，創業者只有把公司做大了，股份比例才有意義，一家長不大的小公司 100%股權又能怎麼樣，還不如換成一家大公司 10%的股權有價值。

第二，公司以後重大決策不再是你一個人說了算了。你可能習慣了自己在公司「一言堂」，但 VC 也是股東，通常是「優先股東」，他們擁有一些特殊的權利，用來保護自己的利益。最直接的就是董事會了，他們通常會在董事會上佔上一兩個席位，對公司的重大事情有舉手表決的權利，可能很多事情他們還擁有一票否決的權利。

你會發現有人管著你了，不能「為所欲為」了。

第三，財務規範化和透明化。你不能再偷稅漏稅了，該補的補、該交的交，免得以後有大麻煩。報表要正式編制了，不能只找個會計記記流水賬，而且每季還得給 VC 看看報表，年底還要給 VC 做下年度的預算。公司的每一筆超過一定額度的資金支出都需要 VC 點頭。更有甚者，VC 可能直接派一個財務總監過來，把持公司的財務，以便清清楚楚地知道公司的每一筆錢是怎麼掙的、每一筆錢又是怎麼花的。這是公司走向正規和做大做強的基礎，你要做好這個準備。

3. 股份鎖定：VC 通常會要求創始人把股份鎖定，需要 3～4 年才能逐步兌現(Vesting)，如果創始人提前離開公司，尚未兌現的股份就被公司收回了；

4. 業績對賭：達不到既定經營目標，股權要被 VC 稀釋；

5. 被 VC 綁定。公司的未來通常是維繫在創始人團隊身上的，VC 一旦投資，一定要給創始人帶上三副「手銬」和一個「緊箍」。

6. 董事會席位及保護性條款：VC 對公司經營上的監督和決策。帶上「手銬」和「緊箍」的創始人，只有華山一條路了。

7. 競業競爭：如果創始人跟 VC 合不來，執意要走人，股份也不要了，但是競業禁止協議也不允許創始人去做類似的、競爭性的業務。

41 向 VC 融資的標準步驟

很多公司融資失敗，不是因為公司沒有吸引力，而是企業創業者不瞭解 VC，不知道 VC 是怎樣運作，最重要的是，他們不瞭解向 VC 融資的流程。

向 VC 融資是很費時間的，快的 4 個月，慢的要 1 年以上，VC 知道你現金流有問題的話，會拼命壓低價格的。對於創業者來說，至少要留好 10 個月的現金餘量，不要融資過程剛進行一半，公司就沒錢了。預計年中需要錢的話，在年初就要開始融資。

VC 融資的基本步驟和時間，平均 2 個月進行前期準備，4～8 個月實際操作。這個時間和流程只是通常的情況，實際情況可能會有所不同。

1. 確定目標 VC（4 週）
2. 準備融資文件（6 週(可與 1 同時進行)）
3. 與不同的 VC 聯繫（6 週）
4. 給 VC 做融資演示（0.5～1 小時）
5. 後續會談和盡職調查（10 週）
6. 合夥人演示及出具 Term Sheet（4 週）
7. Term Sheet 談判（2 週）
8. 法律檔準備（4～12 週）
9. 公司需要找 VC 要多少錢

10. 資金到賬（1 天）

要做好準備，融資是很艱苦的過程。創業者需要分出很大一部份精力，所以會導致創業者對公司業務的管理時間會減少很多。

步驟一，確定挑選出的 VC

第一步的目的是挑選出那些可能會投資你的 VC，不是每個 VC 都合適你，你也不會適合所有的 VC。

VC 融資的第一步是非常重要的，一旦你知道那些 VC 是可能跟你匹配的、值得花時間溝通的，你就不必要在不相關 VC 身上浪費時間，而要集中全部時間和精力，定點「轟炸」真正有機會的 VC。

通過以下四個步驟，就能挑出你的潛在 VC：

(1)通過網路，搜索出過去兩年內在本國有過投資項目的 VC 清單。

這個工作很容易，網路上有很多 VC 投資項目清單可供查詢。在過去兩年都沒有投資項目的 VC 可能不是好的選擇。當然，新成立的 VC 除外，他們雖然沒有開始投資，但優先順序應該最高。

(2)從上面的 VC 清單中，挑出有計劃在你所從事的行業進行投資的 VC。

依次訪問這些 VC 的網站，或者收集相關的介紹材料，你可以看到每家 VC 對那些行業有投資興趣，把那些不打算投資你正在從事的行業的 VC 從你的清單中刪除，他們跟你沒什麼關係。

(3)剔除那些已經投資了你的競爭對手的 VC。

在 VC 的網站上，看看他們都有那些投資案例，是不是有你的競爭對手在其中，通常不要去找這些 VC。原因很簡單：

①大部份 VC 不會投資互相競爭的公司,這樣會帶來很多麻煩。

②有些 VC 如果覺得有用的話，會把你的所有材料給你的競爭對手。

⑷找出有錢投資你的 VC。

很多創業者把大把的時間花在不會投資給他們的 VC 身上。VC 沒有錢投資你可能有兩個原因：

①VC 的基金裏真的沒錢了。

②創業者要融資的數額跟 VC 的基金不匹配。

所以，創業者要看看 VC 掌管的基金的情況：

①最後一筆基金是什麼時候募集到的？

②基金的總額有多大？

因此，對於上面的 VC 清單，需要弄清楚：每家 VC 最後一筆基金是何時募集的？總額有多少？然後再跟你公司目前的狀況進行比較，五六年前募集基金的 VC 要刪除掉，基金總額大的話，VC 的每一筆投資的金額就會比較大，反之也是一樣。如果 VC 的基金跟公司的資金需求不匹配，也要將這些 VC 剔除出去。等你最後形成了一份這樣的 VC 清單，你就知道該去向誰融資了。

但需要強調一點，當你問 VC，他的基金中是不是還有錢投的時候，如果 VC 覺得你最終有機會被 VC 投資的話，他的答案一定是「有」。即便是他們不感興趣、沒錢投資，他們也希望看到你的商業計劃，聽你當面做融資演示。

由於一方面 VC 需要自己的項目來源不要斷；另外一方面，VC 需要讓想融資的創業者和他們背後的 LP 投資人知道他們有項目源、有知名度。所以，VC 想看你的商業計劃書，給你做融資演示的機會，但這並不表明他們有興趣投資你或者有錢投資你，而可能僅

僅是想讓人知道他們的存在而已。

步驟二，準備融資文件

你的公司在為 VC 融資準備文件的時候，常常會聽到很多建議，但他們都會提到的一點是你需要一份「商業計劃書」，用 E-mail 發給或者直接送給 VC 看。最好不要這麼做！商業計劃書是有用的，如果一開始你就直接發給 VC 看，是非常不合適的。因為 VC 通常不會看那些冗長、無聊的商業計劃書；第一次接觸，商業計劃書無法取得良好的溝通效果；商業計劃書只是泛泛而談，沒有針對具體的 VC。

融資文件不是一次性的，通常隨著融資的進程，需要準備不同的檔，例如初次面談之前：一兩頁篇幅的「執行摘要」，也可以叫做「魚餌」文件，用來吸引 VC 的目光，引發他們的興趣。至於，其他文件：

- 融資演示：PPT 演示文件，用於面對面跟 VC 演講，加深 VC 對公司的印象。
- 盡職調查：讓 VC 對公司進行詳細摸底。
- 法律文件：公司章程、銷售合約、以前的投資協定(如果有的話)等。

把這些文件都準備好，並且按內容分成單獨的小文件，這樣既能滿足 VC 的需求，又能有很好的保密性。另外，應按照次序及時提交 VC 所需要的文件，這樣也能給 VC 留下好印象。

「執行摘要」和融資演示文件是最重要的兩個文件，他們決定著 VC 跟你是「一面之緣」還是「深入交往」。

步驟三，與 VC 聯繫

跟 VC 聯繫的關鍵，在於：與誰聯繫？怎麼聯繫？什麼時候聯繫？

(1)與誰聯繫？

VC 公司通常是合夥制的，合夥人主導項目的投資，通常會配備投資副總裁、投資經理、分析員等來幫助他們。

VC 公司的合夥人各自找項目、看項目、評估項目，但真正要投資的話，需要 VC 公司內部集體決定。所以，創業者要想獲得 VC 的投資，就得先說服 VC 公司裏的某個恰當的合夥人，由他來負責推進你的項目，並說服其他合夥人。

例如，某 VC 公司有 6 個合夥人，1 個負責通信行業，2 個負責半導體，3 個負責軟體和 Internet 行業。如果你是一家通信相關的公司，你需要說服那個負責通信行業的合夥人。一旦說服他了，他在作盡職調查的時候，會驗證你的公司是不是真的有價值，並說服其他合夥人。但通常，其他合夥人也會有很多項目需要推進。大部份 VC 公司是一票否決，只要有一個合夥人不認同，任何項目都要放棄投資。

拿出第一步整理好的 VC 清單，他們是可能會投資你的 VC。針對每家 VC，找出你需要說服的合夥人，這項工作難度很大。當然有些 VC 並沒有分得這麼細，有些 VC 由投資經理、副總裁來跟項目初次接觸。

(2)怎麼聯繫？

找到相應的 VC 聯繫人(合夥人或投資經理)之後，跟他們聯繫的最好方法是找人推薦。看看你的朋友圈，有沒有可以做推薦的

人。如果找融資顧問幫你的話,這項工作就簡單多了。如果你的「魚
餌」文件能夠「釣」起 VC 的興趣,他們會讓你作面對面的融資演
示。

　　如果你聘請了一些有頭有臉的人物做公司的董事、顧問的話,
你會發現這個時候,他們會給你很多推薦。另外,參加一些風險投
資的會議、論壇也可以認識一些 VC。

圖 41-1　融資推薦

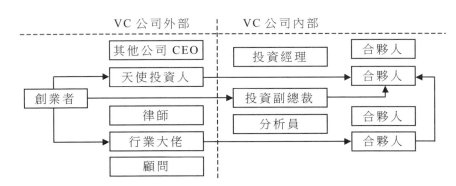

(3)什麼時候聯繫?

　　有些 VC 沒有錢投資你,但他們還會看項目嗎?正好,如果可
以的話,找 2~3 家這樣的 VC 演練,看看你的融資演示文件準備得
怎麼樣,你的演講水準如何,他們有什麼樣的問題等。

　　演練完後,再對你的融資文件進行修改和完善,然後去找真正
有可能投資你的 VC。跟這些 VC 聯繫要在盡可能短的週期內集中 2
~3 個批次完成,一次 10~20 家。不要這週聯繫幾個,下週聯繫
幾個,下個月又聯繫幾個。集中聯繫的好處是,VC 的投資意向書也
會集中到來,這樣你就可以比較那家的條款好,那家的報價高,也

可以在 VC 之中形成競爭。但如果同時一次跟全部合適的 VC 溝通，你會花很多時間。而且，如果很多 VC 都跟你談過，但他們對你的項目都沒有興趣，那你可能會在 VC 圈得到個壞名聲——你的公司沒人要，這樣的結果會很糟糕，因為 VC 是喜歡跟風的。

步驟四，給 VC 做融資演示（DEMO）

很多人可能認為只要給 VC 做個完美的演示，就會得到投資。但這是一個很值得懷疑的觀點，因為 VC 比創業者更擅長從演示中找出問題。決定你跟 VC 第一次親密接觸的結果不在於你的演示有多麼好，而在於你給 VC 演示了什麼內容。

那應該怎麼樣演示？演示些什麼內容呢？

怎樣做演示這個問題包括：PPT 的結構、PPT 的頁數、每頁的主題、每頁的內容量、演示者的演式方式、演示文件的重點內容等。

演示的內容當然要比演示方式更重要。要知道演示內容是否能成功，那你首先要知道 VC 想通過你的演示瞭解什麼。當然，無非就是規模巨大的市場及行業、完美的產品、獨特有效的商業模式、誘人的財務狀況及預測、夢幻的團隊等等。

如果你的 PPT 中包括了上述全部內容，也許真的夠了，但這並不是 VC 想瞭解的全部內容。一個 VC 的合夥人一年可能只投資一兩個新項目，你給 VC 做演示的時候，相當於在跟他說：「忘掉你正在看的、已經看過的所有其他項目吧，我的項目就是你今年最好的投資機會。」

對於任何 VC，決定他們對項目判斷的是兩樣東西：對公司管理團隊的信任度和公司能成功的客觀證據。VC 越信任你，並且公司運營良好的信息獲得越多，你就很有可能從 VC 桌上的一大堆項目

中脫穎而出。如圖 41-2 所示。

圖 41-2　VC 評估

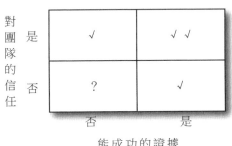

你需要向 VC 展示你是一個值得信賴的人，你的公司將會走向成功。VC 並不是眼光短淺、不願意承擔風險，他們只不過是投資給他們能看到的最好的項目而已。

步驟五，後續會談及盡職調查

一旦創業者給 VC 做了一個成功的融資演示，博得了 VC 的興趣，後面就是更多的會談和 VC 對你公司的盡職調查。有些 VC 這個時候只做一些簡單的調查，在簽訂 TermSheet 之後再進行詳細的盡職調查。

在 VC 投資過程中，盡職調查工作通常由 VC 的一個合夥人及投資經理來實施，詳細的盡職調查就會請第三方的會計師和律師介入。

通常只有在你跟 VC 簽了排他性的 Term Sheet 之後，VC 才會請第三方的會計師和律師進場作財務調查和法律調查。

在盡職調查期間，你跟 VC 的接觸會非常頻繁，也許每週 2～3 次，會跟 VC 公司不同的人談公司方方面面的事，但目的只有一個，

就是驗證 VC 對你的判斷。

VC 在對你做調查的時候，你也最好能抽時間查查 VC 的情況。最好的方式就是跟這家 VC 投資過的公司的 CEO 談談，例如，VC 的合夥人都有什麼特點？他們投資後的增值服務如何？他們是不是在投資後會更換現有管理團隊？把很多你關心的問題弄清楚之後，你也可以決定是不是接受這家 VC。

步驟六，合夥人演示及出具 Term Sheet

這次，你要給 VC 合夥人做的融資演示，決定你能否拿到 VC 的 Term Sheet。這個演示比你給那個在過去幾個月一直跟你密切溝通、正在調查你的 VC 合夥人的演示更重要，但是重點不太一樣。創業者給全體合夥人演示的目的不是不讓他們挑出毛病，對你說「NO」，而是讓他們發掘你的投資價值，對你說「Yes」。

合夥制的 VC，內部決策通常要一致通過，一票否決。只要有一個合夥人對你的項目有異議，無論其他合夥人怎麼看，這個項目 VC 通常是不會做的。

因此，在盡職調查時，你要讓那個負責你的項目的合夥人認可，並有信心，他才會積極推進你給全體合夥人做演示。為了促成投資，他在某種程度上甚至跟你是一夥的。另外，VC 內部的其他合夥人對你所從事的行業不一定熟悉，他們不會輕易提出異議，除非從你的演示中，真的發現了什麼重大問題。

在你給全體合夥人作演示之前，負責你的項目的 VC 合夥人已經跟其他合夥人溝通過多次，他們可能已經很認同你的項目。因此，當你做演示時，你沒有必要過分強調項目有多好，而是儘量別出錯，以防節外生枝。

合夥人演示中，記住下面幾個要點：

· 不要有什麼意外的壞消息。

· 不要換一個新的演示材料，它已經被證明是有效的了。

· 不要任何不必要的細節，簡單一些。

演示時，將你的注意力放在問題最多的合夥人身上，任何一個都可以讓你的融資失敗，要儘量贏得他的認可。

這個過程跟做研究生畢業答辯有點像，你的導師（負責的 VC）看過你的論文了，甚至幫你提了很多修改建議，但答辯小組還要聽你怎麼說，如果他們有人不喜歡你的論文，你可能就麻煩了——推遲畢業，甚至拿不到學位。放到融資這件事上，那就有可能讓你過去幾個月的努力付之東流。

如果演示成功，VC 公司會給你一份 Term Sheet，這證明你初戰告捷，勝利不遠了。

步驟七，Term Sheet 談判

得到 VC 的 Term Sheet 是創業者跟 VC 關係到了一個重要時期，如果雙方在 Term Sheet 上簽字了，那創業者最終獲得投資的可能性非常大，就像一對談戀愛的男女，舉行訂婚儀式，最後結婚基本上是水到渠成。但在簽字之前，雙方還需要就條款內容進行談判。

Term Sheet 的談判對創業者來說是比較困難的，主要是缺少這方面的經驗。例如，公司價值、VC 要求的各種優先權利、保護機制、公司治理方面的要求等。這些東西創業者可能是第一次遇到，而 VC 整天琢磨這些內容，你怎麼能跟 VC 公平談判？

解決的方法只有一個，就是同時拿到不同 VC 的幾份 Term

Sheet，這樣你就知道什麼條款好，什麼條款不好，那家估值合適，那家估值太低。一旦有了選擇的餘地，談判的天平就向你傾斜了。

最好能同一天收到所有感興趣 VC 的 Term Sheet，一週內收到也行，這樣你才能有對比機會和談判的地位。要達到這個目的，融資時就不要把時間戰線拉得太長，談崩了一家再找下一家，而是要跟所有 VC 同時進行。

當創業者拿到 Term Sheet 後，就可以請律師了，一定要找有過代表公司向 VC 融資經驗的律師，沒有這方面經驗的律師會讓你的談判非常艱苦，甚至會把 VC 趕跑。

創業者不要急著在 Term Sheet 上簽字！很多創業者因為覺得 Term Sheet 是融資的一個最重要的里程碑，急著要簽。但要記住，你有 Term Sheet 拿在手上，可以促使別的 VC 儘快給你 Term Sheet。先給 Term Sheet 的會很急，因為他怕項目被別的 VC 搶走；後給 Term Sheet 的 VC 也著急，因為他怕沒機會了。這樣，主動權就在你手裏。簽了 Term Sheet 後，因為通常有排他性條款，你只能跟一家 VC 繼續下去，主動權就回到 VC 手中。VC 就可以慢慢地做詳細的盡職調查，甚至有些 VC 會變更條款內容。

步驟八，法律文件

創業者終於跟 VC 把 Term Sheet 簽了，但 VC 還要作詳細的盡職調查，通常是財務和法律兩部份。另外，VC 還要把項目提交投資決策委員會批准。如果盡職調查發現問題，或者投資決策委員會否決投資的話，VC 跟你的緣分就到此為止，這一點在簽署的 Term Sheet 中 VC 通常是會明確告訴你的。

VC 通常有一套所謂「標準的」投資文件，但基本上都是從 VC

的利益角度出發，創業者要自己與 VC 談判 Term Sheet，落實具體條款的用途和目的，然後由律師將你的真實意思轉換成法律文件。其實，大部份的條款都是可以協商的。如果有律師幫忙解釋和溝通會讓你的法律文件更有針對性，另外，如果你手上能夠拿到好幾家 VC 的 Term Sheet 會讓事情更為簡單，相互對比一下，你就能夠在談判桌上有更多的底氣。如果在項目足夠好的前提下，同時又有其他 VC 的競爭，這個時候，沉不住氣的 VC 會主動鬆口，而且很多苛刻的條款會被放鬆。

如果創業者是在做第二輪融資，最好是請第一輪 VC 聘請的律師，因為他最清楚他當初為了第一輪 VC 的利益，他給創業者設置一些什麼樣的條款，對創業者有什麼樣的限制。這個時候一旦他掉轉身份，要維護創業者利益的時候，他就會在所有條款上想方設法跟第二輪 VC「對抗」。這個時候，創業者就會發現：原來，所有的 Term Sheet 條款都是可以談的！

目前中國外資 VC 很多，如果投資者向他們融資，可能涉及到的法律問題會更多一些。例如是投歐元還是投美元？這會涉及到向有關政府主管部門的一些申報手續，當然這個問題創業者不必擔心，律師和 VC 非常清楚相關操作程序。

步驟九，公司需要找 VC 要多少錢

「我能融多少錢？」這可能是創業者找 VC 融資前最想知道的問題。一旦 VC 問到企業創業者想要多少錢的時候，常常會有 3 個答案冒出來：

⑴「不知道」。

⑵「××公司融了 500 萬美元，我也要融 500 萬美元！」

⑶「我覺得公司值 1000 萬美元,我只能出讓 20%股份,就融200 萬美元吧!」

通常來說,在創業企業的發展過程中,存在很多的風險和不確定性,可能是業務層面的、政策層面的等。而隨著公司的發展,這種風險會逐步降低,甚至是跳躍性的降低。導致風險「跳躍性」降低的事件,可以稱之為公司的下一個發展里程碑。這個里程碑有很多種,可能是新產品上市、盈虧平衡等。

VC 的夢想是入 1000 萬到一個投資前估值為 2000 萬的公司,並因此持有下一個蘋果公司的 33%股份,最終獲得超過 100 倍的投資回報。VC 非常看重回報的數額,同樣也以回報倍數來衡量投資的品質。如果某 VC 一直持有上面這家公司 33%的股份直到上市,如果公司市值是 30 億,那麼 VC 股份的價值就是 10 億,他就賺到了100 倍。假如當初投資的時候,公司估值為 4000 萬,他還要佔 33%股份的話,就要投資 2000 萬,那麼在公司 30 億市值情況下,VC的回報只有 50 倍。很顯然,兩種情況下,VC 都賺了約 10 億,這是千年不遇的情況了,但回報倍數卻相差很大。

其實,VC 一旦決定投資,他就認為項目有很大的把握成功,在這種情況下,多投 100 萬僅僅只會讓最後的回報總額降低一點兒而已。即便是看走了眼,導致投資失敗,也只不過再多損失 100 萬而已。可是 VC 仍然會在投資的時候,儘量壓低公司的估值,告訴你「估值太高對公司沒有好處」,以便能在獲得同樣股份比例的情況下,儘量少投資,這樣可以獲得更為可觀的回報倍數。

對於 VC 來說,在什麼情況下投資,他們所面臨的風險和期望的回報是對應的。因此,公司所處的不同階段,VC 的報價也不一樣。

如果公司沒有發展到下一個重要里程碑,公司的風險水準就沒有太大變化,VC 給公司的估值也不會有太大提高。

對於創業者來說,向 VC 融資一次,相當於是經歷一次磨難,要花費大量的時間、精力和資金。另外,融資的時機不是什麼時候都有的,一旦能夠抓住一次.融資機會,企業還是要把估值儘量抬高些,儘量多要些錢,省得以後還要受一次罪。另一方面,創業者要把公司帶到下一個里程碑,才能找下一輪 VC 融資。問題是達到下一個里程碑,需要多長時間?需要多少錢?創業者要作一個詳細的規劃和預算,這樣自己心中有數,把所有需要花的錢加起來,基本就是你需要向 VC 融資的額度了。

但是,這可能不是你的最終答案。因為幾乎所有的創業者都會對前景非常樂觀,直接的後果就是對困難認識不足,對資金需求認識不足,通常的預算會比實際小很多。另外,即便你的預算差不多,但還要給下一輪融資預留時間,目前 VC 融資的一般週期是 6 個月左右,最快也要 3 個月,不要在下一輪融資過程中公司的資金鏈就斷了。所以,通常你需要把上面計算出來的融資額度乘以 1.5～2,這才是你要的答案。

如果計算出的數字太低,例如,只有五百萬元,這說明你的商業模式看起來很省錢,因此,你不妨多融一點,保證公司發展更遠的一個里程碑。一是因為創業者的時間寶貴,融一次算一次,並且一次多拿點。對於創業者來說,融一次資,就要脫一層皮。另外,對於幾百萬數額的融資,大部份知名 VC 基本是不會感興趣的,他們財大氣粗,這種小項目是看不上的。況且,這麼點錢,估計公司出讓的股權比例也不會超過 20%,對於第一輪融資來說,這樣的股

權比例對於 VC 也沒有什麼吸引力。但是如果計算出的數字太大，就會造成創業者需要出讓更多的股份，這是非常不划算的，創業者甚至可能會失去公司的控制權。創業者可以減少本輪融資的額度，在公司達到里程碑並且估值大幅提高後再進行後續融資，這樣可以少稀釋自己的股份。但是如果刻意降低這個融資數額，導致公司達不到里程碑，下一輪融資會有很大的問題。所以，創業者要盡可能找到合適的里程碑。

步驟十，資金到賬

此時，你已經完成了融資程序，錢現在到了公司賬戶。但可能是分期到賬，所以在興奮之餘要小心：不要亂花錢。

按照你給 VC 的資金使用計劃，在未來一年左右的時間內按照需求使用。逐步實現公司設定的里程碑，兌現給 VC 的承諾，這樣 VC 的後續資金才會及時到賬。換豪華辦公室、大幅漲薪、大肆招人等這些事情不要輕易決定，因為有很多公司沒錢能經營活下去，融到錢卻破產了。

42 連鎖業要製作一份商業計劃書

商業計劃書是企業為了達到招商融資和其他發展目標的目的，在經過前期對項目科學地調研、分析，搜集與整理有關資料的基礎上，根據一定的格式而編輯整理的一個向投資人展示公司狀況、未來發展潛力的書面材料。

一、商業計劃書的作用

一份典型的商業計劃書包括以下幾部份：企業簡介、產品與服務介紹、行業概況與市場分析、營運計劃、管理團隊和財務預測。

1. 可以用來吸引投資者，幫助投資機構更好地瞭解企業

作為投資者，在考察一個項目時，基本上關心兩個方面的問題：一個是好的商業計劃書，它將展示該企業的發展潛力；另一個是好的經營管理團隊，即項目的執行者。

〈編輯部〉有關商業計畫書的撰寫重點，請參考本公司出版的圖書：
《如何撰寫商業計畫書》　售價：420元　憲業企管顧問公司出版

　　為什麼投資者考察項目時關心的兩個方面之一是商業計劃書而不是項目本身呢？一個很簡單的原因就是：所有投資者首先面對的是您的商業計劃書而不是您的項目，他也沒有時間一個一個地先去看項目，因為需要錢的企業太多了。因此，即使一個實際上很好的項目，如果沒有通過商業計劃書這一被眾多投資者認可的文字方式充分展示出來，其結果很可能仍是把項目留給了企業家自己。所以，一個好的商業計劃書至少決定了企業融資成功的一半，故其重要性不言而喻。

　　2.可以作為企業的行動規劃

　　一份專業、完備的商業計劃書，不僅是企業融資的「敲門磚」，寫商業計劃書的過程還可以幫助企業家厘清思路，發現許多原來沒有考慮到的問題。就像在創業之前預先準備好地圖或找好嚮導，這樣創業的旅程將會安全順利得多。即使創業的實際執行情況會與當初的計劃有很大的出入，但是有一個深思熟慮的企劃方案和目標將大大增加創業成功的幾率。

二、如何製作商業計劃書

　　投資者每天都要收到數量可觀的商業計劃書，據統計其中只有不到 1/10 會令投資者略感興趣。如何讓投資者對你的項目感興趣，約你見面，優秀的商業計劃書起到關鍵作用。一份好的商業計劃書必須簡明易讀，重點突出，能夠讓投資商在很短的時間裏一下子興奮起來。那應該怎樣才能製作出一份優秀的商業計劃書呢？

1. 概要部份

(1)概要的主要內容

概要是整個商業計劃的濃縮，是提起投資者興趣的關鍵部份。面對大量的融資申請，絕大部份的投資商最多只花 5～10 分鐘初步審閱一份商業計劃書，在這麼短時間裏他們最先看的是其前面寫的摘要，其次是後面的財務預測。不要指望投資者把每一份到手的商業計劃都仔細研究，如果摘要不能引起他們的興趣，就不會再往下看了。所以商業計劃書的概要一定要言簡意賅，同時又要抓住投資人的興趣點。

具體而言，概要的主要內容包括：

①企業形態(股份制、有限公司、合夥、個體)，企業所在地，以及主要股東；

②企業的歷史簡介和主要成就(是新設立還是有若干年經營歷史，現在是否正處於快速增長期)；

③業務簡介，即企業是做什麼的，以及企業面向的市場和客戶群；

④企業的發展和贏利潛力，企業的核心競爭力；

⑤企業的目標(市場目標和財務目標)和實現這個目標的基礎與策略；

⑥企業財務數字摘要；

⑦融資需求量和擬出讓股份比例以及資金用途。如果以前接受過其他投資，請說明。

(2)概要的寫作技巧

①概要力求簡明，而且包含主要信息，讓人家不看具體的幻燈

演示就能夠一下子瞭解你公司的概況。

②重點描述企業已經實現的成就。雖然企業價值評估是基於對將來的預測，但是重點描述企業已經實現的成就同樣重要，這樣能夠給投資者一個信心，相信企業管理團隊能夠實現對將來的計劃。

③闡明為什麼你的企業能夠成功。

④合理描述投資人可能得到的回報。概要的長度控制在 2 頁紙、1500 字以內，並可以作為一份單獨的文件用於吸引投資商，因為在第一次與投資商接洽時往往只需遞交商業計劃書的概要。

2.產品與服務部份

(1)產品與服務部份的主要內容

首先，用簡單明晰的語言描述你的企業所提供的產品或服務以及你們怎樣提供，要從客戶的角度說明你們的產品或服務能為客戶帶來什麼好處，是否符合他們的使用習慣，這是建立客戶滿意度和用戶忠實度的基礎，也是建立競爭戰略的出發點。

其次，在描述技術先進性的同時，不要忘記分析潛在的風險、知識產權的保護措施、企業擁有那些專利、許可證，或與已申請專利的廠家達成了那些協定？下一代產品的研發計劃和可能的替代品。

最後，要講清楚技術或產品的研發進度，是否已經開始生產，成本構成與定價方針是怎樣的。

(2)產品與服務部份的寫作技巧

①避免晦澀難懂的專業術語，如果你能把商業計劃書寫得門外漢都能看懂，你的計劃書就成功了一半。

②用一兩個成功案例簡單地輔助說明，可能的話在這一部份加

一兩張產品或服務現場圖片，效果將會更好。

3.市場分析部份

創業投資公司對市場的重視更大於他們對技術的重視，但是過分誇大市場潛力和企業的成長性，會令投資人覺得你不切實際，缺乏商業判斷力。

(1)市場分析的主要內容

①對企業所處的行業和面向的市場作一個定義，說明誰是你們的潛在客戶，客戶的購買習慣或採購標準是怎樣的。

②用可靠的數據說明並分析市場規模和形勢，給出該市場的價值規模、用戶數量、地域範圍和演變趨勢。如果你們已經有了成功的銷售記錄，那是最好的證明，一定要講出來。

③講清楚你們的產品或服務在整個市場中的位置，競爭對手是誰，他們的市場佔有率有多大，列一個表從用戶的角度比較你們與競爭對手的產品或服務的不同。

④說明企業的發展機會和贏利空間，還有獲得目標市場佔有率所需要的時間和成本。

⑤客戶對售後服務的需求是怎樣的，能不能維持一個穩定的客戶群，以及產品推廣將會面臨的困難。

(2)市場分析的寫作技巧

①有關市場分析的內容必須以事實和數據說明，必要時可以引述市場諮詢公司的報告。

②客觀地描述並細分市場規模和各家競爭對手在其中所佔的比率，通過比較然後得出合理的結論。

③如果能做一個波特五力分析（業內競爭程度、進入壁壘、替

代品、供應商的議價籌碼、客戶的議價籌碼），無疑將幫助投資者
加深對這個行業的認識。

4. 項目運作計劃部份

這部份是講實施，也就是你們準備怎樣把理想變成現實。項目
運作計劃的主要內容及寫作技巧：

(1)經營地點的選擇、分銷管道、戰略合作夥伴以及將如何保持
市場優勢；

(2)在對市場進行細分、確定目標市場和分析用戶喜好和期望的
基礎上，說明將如何滿足顧客；還要描述一下銷售組織的建立、促
銷方法和定價策略，以及競爭對手的定價策略；

(3)列一個表說明各種產品和服務的銷售預測和依據，特別要講
清楚收入預測關鍵點，如生產能力、顧客回頭率和採購商的需求量；

(4)對項目實施的里程碑作清楚的定義並給出預計完成時間，必
要時對整個企業的運作流程做一簡單描述；

(5)商業計劃書中要有一張時間進程表，描述主要工作的開始和
完成日期，何時需要支出多少現金。

5. 管理團隊部份

創業投資商們總是強調他們投資的是人，不是項目，是人把項
目計劃變成現實。企業家撰寫商業計劃書是為了讓創業投資家相信
創業企業管理團隊的能力，並把資金交給他們管理，並不是為了把
一個項目簡單地推介給投資機構。

(1)管理團隊部份的主要內容

①在企業的團隊成員中，投資公司最重視的是總經理、銷售總
監和財務總監。在介紹管理團隊時應有團隊主要成員的簡歷，其中

要特別強調以往的成就或參與過成功企業的運作管理，如果初創企業的團隊成員有其他成功創業的經歷，將會給整個團隊增色不少。

②一張簡要的組織結構圖，並解釋清楚各部份的功能與責任。

③如果你的企業已經有業績考核制度和員工激勵制度，那就簡單描述一下這套制度。對於管理團隊和員工的激勵機制必須明確，企業創業初期往往不能負擔過高的工資，採用分紅計劃和股票期權計劃較為實際。

④最後還要簡單介紹一下員工聘用和培訓計劃、員工工資福利政策。

(2)寫作技巧

①不要為了迎合投資公司而過分強調管理團隊的完整性。作為初創企業，從一開始就建立一個完整的骨幹隊伍並不現實，因為小公司還不足以吸引管理高手。如果在初創期為了隊伍的完整而組建了一個能力並不勝任公司發展的團隊，則有可能為將來重新聘請高級經理帶來困難。

②如果管理團隊有某一方面的能力的缺陷，就要說明你們將如何克服這個不足。

③這一部份另一個常見的錯誤是列出一長串顧問的名單，但這些顧問沒有一個在企業裏任職。

6.競爭分析和風險分析部份

(1)競爭分析

①你需要把主要的競爭對手列出來，並說明他們的特點，以及你如何與他們競爭。

②在上面的競爭對手分析的基礎上，再對自己的企業作一個分

析(優勢、劣勢、機會、威脅),還可以描述一下企業或企業家可以如何從正面影響環境因素。

(2)風險分析

①創業要充分考慮到技術、市場、經營、財務、社會政治、法律、政策等方面的環境因素的變化和風險。不但要分析風險發生的可能性,風險的影響程度有多大,還要設計風險發生時的應對措施。

②設想一下市場熱點變了怎麼辦,技術被證明不成熟怎麼辦,關鍵技術人員離職怎麼辦,對手投入大量資源參與競爭怎麼辦,還沒有達到盈虧平衡,錢就用完了怎麼辦。投資人預先知道可能遇到的風險及應對措施,可令他們放心很多,而且也有助於以後他們提供相應的幫助。

7.財務分析部份

財務分析包括資金需求分析、財務報表預測和投資回報分析。

(1)資金需求分析

創業企業在說明資金需求量時要講清楚以下問題:

①需要多少錢才能達到預期目標?

②什麼時候可以達到盈虧平衡?到盈虧平衡時總資金投入是多少?

③資金主要用於那些方面?

④下一輪籌資預計在什麼時候?籌資額將是多少?

⑤達到預期銷售目標和利潤率的概率有多大?

⑥消除各個主要風險的預算是多少?

(2)財務預測

企業的財務預測應建立在合理的假設和採用科學的方法基礎

之上。而事實上，大多數創業者雖然是技術專家或行銷高手，但財務預測是他們感到最難準備的一部份，也常常是投資機構對計劃書最不滿意的一部份。

通貨膨脹、稅收政策變化、匯率變化、原料或產品的市場價格變化都可能影響企業的盈利水準和投資回報。因此，在財務預測的基礎上，需要進一步作敏感性分析，以充分估計各種風險因素的影響，可變因素對投資回報影響的具體程度有多大。通過改變上述可變因素計算各種情況下的內部報酬率以及淨現值。為了方便計算，有必要製作一個基於電子試算表的財務模型，這樣在改變預測假設時可以即時算出預測結果。

很多投資商接到商業計劃書後會跳過前部份先看財務預測和回報分析。因此，財務預測中切記不可有常識上的錯誤和故意的樂觀估計，應避免過於誇張。如果你的商業計劃書裏的預測沒有堅實的依據和合理的假設，或者一看就發現利潤率和人均產值遠遠高於行業平均水準，那麼這份商業計劃書的可信度就在讀者眼中大打折扣了。

(3)投資回報分析

最後，還要做一個簡單的投資回報分析，可能的話再講一講創業投資公司資本的退出途徑。有經驗的創業投資公司對於那些在一定的時間內無法套現退出的項目是不會投資的。由於 IPO 並不是必然的，所以需要說明那些戰略投資者或合作夥伴可能收購或參股你的企業。如果以前曾經融過資，請說明已經投入多少資金，達到了怎樣的成就，以及投資者的背景。

三、商業計劃書的寫作偏失

創業企業失敗的原因很多，很多失敗的例子在製作商業計劃時就已經埋下了種子，企業在做戰略規劃和寫商業計劃書時不可不慎。

（一） 寫作偏失

為了幫助融資企業避免走入歧途，下面列舉了一些在撰寫商業計劃時常見的偏失：

1. 過於強調技術的先進性或產品服務的創意，可事實上投資公司對市場推廣和實施能力更重視。

2. 產品線或客戶過於單一，或者產品技術太多太雜；投資者既擔心前者抗風險能力弱，又擔心後者不夠專注。

3. 強調面臨的市場容量或生產能力，卻沒說清楚怎樣銷售自己的產品。如果說市場規模有 10 億元，我們將獲得 30%的市場佔有率，3 年內我們將成為一個 3 億元產值的企業，可是未能令人信服地說明怎樣成為一個 3 億元的企業。

4. 強調過往成就，卻不能令人信服地說明可持續競爭優勢。

5. 低估競爭對手的實力，或者乾脆說沒有競爭對手。

6. 過於強調與某一大公司的供銷關係，可是投資者很擔心那些過於依賴單一戰略合作夥伴的項目。

7. 管理團隊的實力言過其實，或聲稱若獲得投資，某某名人將加入本公司。

8. 過分做表面文章(如強調留洋博士、大會獲獎、眾多的顧問)。

9.盲目樂觀地預計公司將在兩三年之後上市。

(二)製作商業計劃書要特別注意的問題

1.可讀性

⑴用盡量短的篇幅和簡潔的語言，提供足夠多的信息。

⑵避免艱深的專業術語和泛泛的描述，假定你是寫給外行人看的。

⑶盡量用表格展示數據而不用敍述說明，用圖表演示複雜的信息，用編號和不同的字體分清章節，排版圖表醒目但不花哨。

⑷商業計劃書正文不需要附帶大量的成果鑑定報告和報章摘要，如果確實是有必要的詳細資料，可以放在後面的附錄裏。

⑸寫完後找一個對你的公司不熟悉的朋友校讀一遍，修正錯別字和語法錯誤，看看內容描述清不清晰，容不容易抓住重點，有沒有被打動。

2.長度

⑴商業計劃書有簡單的一兩頁的概要，再加上 10～20 頁的計劃書主體和另外幾頁紙的財務數據與預測。

大型複雜的項目可以寫成五六十頁(包括附錄)，小型簡單的項目 10 頁紙已經足夠。

⑵短要短到把方方面面講清楚，長要長到讓人有耐心讀完。總的原則是盡量地短，如果投資商真的對你的項目感興趣，他會打電話向你要更多的資料。

43 連鎖業的兼併與收購

一、連鎖企業併購

併購一詞，來源於英文的「Ｍ＆Ａ」，即 Merger and Acquisition。

Merger 通常譯為兼併，即為《公司法》中的合併，指「兩家或更多的企業、公司合併為一家企業，通常由一家佔優勢的公司吸收一家或更多公司」。《公司法》中規定：「公司合併可以採取吸收合併和新設合併兩種形式。」

吸收合併是指一個公司 A 取得另一個公司 B 的全部產權，被兼併公司解散，喪失其法人資格，而兼併公司仍然存續的一種合併形式，被兼併公司的債權債務由兼併公司承擔，這種情況可以用「A＋B＝A」表示。

新設合併是指兩個或兩個以上的公司 A、B……合併設立一個新的公司 C，合併各方解散，原來的法人地位均消失，隨之而誕生一個新的法人，合併各方的債權、債務由新法人承擔，這種情況可以用「A＋B＋…＝C」。由此可見，不管是吸收合併還是新設合併，在合併以後只有一個法人存在。

Acquisition 通常譯為收購，是指一家公司在證券市場上用現款、債務或股票購買另一家公司的股票或資產，以獲得對該公司的

控制權。與兼併的不同之處在於收購成功後，被收購公司(目標公司)並不因此喪失自己的法人資格。根據收購對象的不同，可將其區分為股權收購和資產收購。

股權收購通常是以收購目標公司已發行的股份，或認購目標公司發行的新股兩種方式進行的。當收購的股份足以達到控制目標公司的比例時(取得控股權)，即可接收目標公司，此為控股收購，對於未取得控制權的收購，則可稱為投資、參股或部份收購。此種情況下，收購方僅以進入目標公司的董事會為目的，或可能基於投資報酬率的考慮，或為加強雙方合作關係進行的。

資產收購是指收購方收購目標公司的全部或部份資產，不需承受目標公司的債務(如果目標公司出售其全部資產，則公司即告解散)。

綜上所述可見，兼併與收購存在著本質上的共同之處。即兩者均泛指在市場機制作用下，一公司為獲另一公司的控制權而進行的產權交易行為，為了研究的方便和遵循國際慣例，我們將兩者簡稱為併購。

二、連鎖企業併購的動機

(1)快速擴大市場佔有率，提升市場支配力

能夠提高市場佔有率的併購，會對合併後連鎖企業的市場支配力產生重大的影響，無論市場支配力的提升是依賴於併購企業的規模還是產業的競爭，水準都是如此。

市場支配力(market power)有時候也被稱為壟斷力量，是指

制定和維持高於競爭水準的價格的能力。

經濟學理論將各產業在兩種極端的市場格局之間進行劃分，一個極端是完全競爭市場，另一個極端是壟斷市場，橫向整合是從競爭的一端向壟斷的一端發展。

市場支配力來源於三個方面：產品差別化、進入壁壘和市場佔有率。通過橫向整合，企業可以提高市場佔有率。然而，即使市場佔有率得到了極大的提高，如果缺乏明顯的產品差別化或者進入壁壘，企業可能仍然無法將價格定在顯著高於邊際成本的水準上。如果一個產業無法設置進入壁壘，將價格定在高於邊際成本的水準上只會吸引新的競爭者加入，最終使價格降至邊際成本的水準上。

⑵實現協同效應，提高獲利能力

在併購中，協同效應是指企業通過合併其獲利能力將高於原有各企業的總和。

兩種最主要的協同效應是經營協同效應和財務協同效應。經營協同效應包括兩種形式：收入的提高和成本的降低。收入的提升、效率收益或者規模經營收益可以通過橫向或者縱向併購實現。

收入提升有許多潛在的來源，而且不同的來源之間可能存在很大的差別。收入可能來自併購雙方企業產品或服務整合行銷的機會。由於產品線的擴張，各公司都可以向現有客戶銷售更多的產品和服務，交叉行銷使得每個併購單位都有提高收入的潛力，各公司的收入因此將得到迅速的提升。

併購策劃者們傾向於把成本降低的協同效應作為經營協同效應的主要來源。成本降低可能是由於實現了規模經濟（economies of scale）——由於企業經營規模的擴大導致單位成本下降。

財務協同效應指的是併購對收購企業或者併購各方資本成本的影響。如果在企業併購中產生了財務協同效應，資本成本應當降低。

如果兩家連鎖企業的現金流動情況並不是完全正相關的，將它們進行合併可以降低風險。如果併購行為降低了現金流的波動性，資本提供者會認為企業風險較低。如果合併後企業現金流發生大幅度漲落的可能性較小，破產的風險也就減小了。

三、連鎖企業併購的類型

按行業相互關係劃分，連鎖企業的併購可分為：橫向併購、縱向併購和混合併購。

橫向併購（Horizontal Merger），是指具有競爭關係的、經營領域相同的、生產產品相同的同行業之間的併購。

縱向併購（Vertical Merger），是指生產和銷售的連續性階段中互為購買者和銷售者關係的企業間的併購，即生產和經營上互為上下游關係的企業之間的併購。

今天的國美，已經成為一個超級連鎖品牌和龐大的商業帝國：銷售規模超越 1000 億，在全國數百個城市中擁有了約 1100 個店面，幾乎是除少數偏遠省份外都有國美店的存在。在併購永樂、大中之後，國美擁有無限廣闊的企業疆域。

國美電器已成為具有國際競爭力的中國最優秀連鎖零售品牌，但這並不是它的終極目標。國美電器的願景是在 2015 年成

為備受尊敬的世界家電零售企業第一的公司。

在中國家電零售市場上，「美」、「蘇」(國美、蘇寧)爭霸對峙多年。到 2008 年，緊隨國美後的蘇寧電器的店面數量只有國美的一半略多一些。然而在三年前，蘇寧電器的店面數量與國美幾乎相當，2004 年底的時候，國美後的店面數量為 227 家，而蘇寧電器為 193 家。

可以發現，在 2005～2007 年這三年中，國美的店面數量增長 6 倍，而蘇寧的店面數量增長僅 3 倍。

2005～2007 年這三年，究竟發生了什麼？

深入研究發現，在 2005～2007 年這三年中，國美、蘇寧分別採取了不同的發展戰略，國美的併購和開店「雙劍齊發」，而蘇寧基本上採取了自主開店的策略。蘇寧電器與國美的差距，主要表現在併購方面。這三年中，國美高舉併購大旗，把十多家家電連鎖企業收之麾下。可以說，橫向併購成就了今日的國美帝國。

在前幾年，家電流通領域競爭的日益加劇，對手間的力量對比也在不斷地發生著變化，這使得原本就很複雜的競爭局勢變得更加撲朔迷離、頭緒紛亂了。當然，競爭最為激烈的依然是與蘇寧、三聯、永樂、五星、大中等大型家電連鎖巨頭之間的爭鬥，可以說已形成群雄爭霸的格局。2004 年前後中國的家電零售市場格局是：任何一家家電連鎖企業僅僅依靠內生式增長，都很難在競爭中遙遙領先。(參見表 43-1)

表 43-1 2004 年中國家電零售市場格局

企業名稱	2004 年銷售額(萬元)	門店數量
國美電器	2387886	227
蘇寧電器	2210764	193
永樂電器	1584910	108
三聯家電	1325580	254
五星電器	937890	120
大中電器	640000	70
武漢工貿家電	200000	16
哈爾濱黑天鵝	150000	13
長沙通程電器	150000	9
鄭州八方電器	128000	47
深圳順電	110000	18
重慶重百電器	100000	18

　　黃光裕清醒地認識到：一個真正依靠綜合實力併購整合的時代來到了。

　　針對這一新的形勢，黃光裕問計智囊之後，迅速組建了相應的機構，專門處理這方面的事情。同時，他還依照兵法「上兵伐謀」的指導原則，大膽地制定了一套兼併收購的整體戰略，國美採取了「先易後難」的併購戰略，先拿下一些地方性的家電連鎖企業，然後再瞄準全國性發展的、排在前幾名的企業。國美併購永樂、大中的事件已經不用多說，而國美此前的多次

併購並不廣為大眾所知：

　　——2005 年 4 月，國美電器成功收購哈爾濱黑天鵝電器品牌及其全部家電零售網路。

　　——2005 年 8 月，國美收購深圳易好家商業連鎖有限公司全部股權。

　　——2005 年 11 月，國美收購武漢中商家電。

　　——2005 年 12 月，國美成功收購江蘇金太陽家電品牌及其全部家電連鎖網路。

　　至於具體的實施方案，國美則採取了「個案各論」的靈活戰術。

　　素有「東北王」之稱的黑天鵝是當時國美選中的第一個目標。成立於 1991 年的黑天鵝電器集團，是黑龍江省的家電零售企業，佔據著當地近 50％的市場佔有率，其 2004 年的銷售總額為 15 億元，位列中國家電連鎖第八名，被譽為中國家電零售領域的「東北王」。

　　由於黃光裕拿出了最大的誠意與對手合作，結果，僅僅花了兩個月的時間，國美和黑天鵝這對昔日的冤家便握手言歡，由競爭的對手變成了最好的戰略夥伴。

　　2005 年 4 月 28 日，雙方正式對外宣佈：國美電器斥資 1.2 億元收購黑天鵝電器公司的品牌及其所屬的全部家電行銷網路體系。國美表示：收購後的黑天鵝，將實行「一、二、三」政策對企業進行管理和運作。「一」，即一個國美企業；「二」，即國美和黑天鵝兩個品牌；「三」，即管理手段、管理層人員、運作方式三者不變。此役之後，國美電器在整個黑龍江家電零售

市場佔有率達到 85%。

國美在中國的東北地區喜獲豐收之後，又迅速揮師南下。

黃光裕把併購的觸角伸向了南國深圳，此番黃光裕相中的目標是易好家。總部位於深圳的易好家電器公司成立於 2004 年 7 月，11 月開始投入運營，當時在華南已開設 10 家店，並且還計劃在廣東的陽江、茂名、梅州等一些二、三級城市開設 20 多家新店。而且，易好家的大東家是財大氣粗的中國建材集團，是家電零售連鎖企業中唯一同時具有央企和上市公司背景的企業，背景深厚，資金充裕，據說還將與跨國巨頭結盟合作，可謂「發展勢頭迅猛」。

那麼，勢頭良好的易好家會忍痛割愛，讓國美來接管嗎？

當時，業界普遍持否定的態度。然而，黃光裕卻有自己獨到的判斷。他認為：單純從表面上看，易好家的發展勢頭的確不錯。但是，易好家卻無法迴避一些根本性的現實矛盾。其一，在人力資源的儲備上，易好家遠遠跟不上實際發展的需要；再者，就目前這種激烈競爭的市場格局，易好家難以在短期內達到行業的前幾名。這就意味著：易好家即使不被國美收購，也會被其他巨頭兼併。而國美之所以相中易好家，是因為易好家目前的佈局情況，恰好與國美下一步在該地區拓展二、三級市場的戰略部署相吻合。所以，國美採取了積極的態度，主動與易好家的大東家接洽，最終如願購買了易好家的全部股權。

中國的一些宏觀經濟學家們提出了一個「以中為重」的新理論。在諸多的中部省份中，湖北省的地位是最為舉足輕重的，而湖北省的省會城市武漢市則更是重中之重，黃光裕始終想在

這個地區傾力發展。

據瞭解，湖北省商業龍頭企業「中商集團」實力雄厚，是中國連鎖企業三十強。其下屬的「武漢中商家電連鎖有限責任公司」擁有 7 家大型連鎖家電賣場，年營業額近 10 億，在湖北省家電零售連鎖業中排名第三。中商家電賣場網路覆蓋武漢、仙桃、沙市、荊州、黃石等二級市場，在武漢市內則擁有 4 家大型賣場。

9 月，國美電器和中商集團在武漢舉行簽約儀式，國美全資收購「中商集團」全部家電零售業務的事宜終於大功告成。這是繼黑天鵝、易好家之後，國美實施收購戰略的又一傑作。

在完成了對湖北「中商電器」的併購之後，國美又把整合的目標轉向了華東。

總部設在常州的金太陽是江蘇省家電零售業的「三強」之一，共有 8 家門店，總營業面積近 5 萬平方米，年銷售額達 10 億元左右，在常州地區的家電市場佔據一定的優勢。

對金太陽的收購是分兩部份進行的，2005 年 4 月，國美先將金太陽在南京新街口旗艦店收入囊中。數月之後，國美又將金太陽的其他連鎖店全盤收購。此次收購的內容包括兩個方面：一是金太陽的物業，二是金太陽的品牌。估計此次收購的價碼至少會超過 1 億元人民幣。在全面接手常州金太陽的 8 家門店之後，國美在江蘇區域的門店數一下子達到 33 家，此舉無疑將加速國美在江蘇的發展。

國美併購過很多企業，最常用的是橫向併購。為什麼？

在國美總顧問趙建華看來，橫向併購顯然是一個很巧妙的

策略。通過併購當地的主流家電連鎖企業，國美最大程度地避免和競爭對手打消耗戰，快速地切入當地的主流市場，從時機上爭取到了對於市場的主動權，讓企業能夠在盡可能短的時間內獲得最快的發展。

在收購完金太陽之後，國美電器高層表示，併購正成為家電流通行業的大趨勢，對金太陽的併購不是結束，而是國美在全國更大規模併購的開始，只要有合適的對象，國美仍將以併購的方式擴張，以進一步加快其網路佈局的節奏。隨後，發生了國美對永樂、大中的併購。

在經過多輪大規模併購實踐後，國美已經總結出了一整套關於併購方面的經驗和教訓，而這些經驗又讓國美對併購這個手段的認識得到了昇華。

事實上，國美已經把併購提高到戰略的高度，作為最為常規的競爭武器，日趨頻繁地使用，從而使其成為國美的核心競爭力。目前，正在實施的家電下鄉運動，則會因為三四線城市市場歷史性的活躍而成為各大連鎖機構關注的焦點，並有可能成為國美新的併購平台。

競爭對手蘇甯從未有過併購經驗，可以說，在即將從大亂走向大治的家電連鎖業，作為唯一具備併購成功的企業，併購已經成為了國美區別於蘇寧電器等其他家電連鎖企業的關鍵詞。

外延式擴張之後，國美把眼光向內，繼續錘煉內功，解決家電零售企業面臨的共同問題。

2003～2006 年，國美單位面積銷售額一直處於下降的狀

態；蘇寧除 2006 年稍有所改善之外，2004 年、2005 年每平方米銷售額均以 25%的速度遞減。而國美每年主營業務有限增長的背後也是營業面積的更大幅度的增加。2006 年國美電器主營業務收入為 247.29 億元，比 2005 年增長 38%，但其營業面積增加了 108%。

其實，國美在完成併購之後，所需要的整合不僅僅是提高單店贏利能力，進行文化融合和妥善的人事安排，更重要的是完成發展模式的轉變，即從橫向的疆域擴張，轉移到縱向的商業組織的內部提升和管理變革上。

也許，沃爾瑪是國美未來的方向之一。沃爾瑪在採購方面進行變革，在供應鏈上對廠家實施標準化影響，使為其服務的製造業的創新能力提高了 30%左右。沃爾瑪創造性地進行了物流體系的變革，它的低成本正是其經營變革的結果。而國美唯有長期、持續致力於內部競爭能力的培養，才能儘快具備世界零售巨頭的運營實力。事實上，國美已經這樣做了。

併購成就了今日的黃光裕，今後黃光裕的併購還會繼續。

在 2004 年成為胡潤富豪榜首富的時候，黃光裕才 35 歲；2007 年，併購永樂、大中後的國美，已經成為超越 1000 億規模的龐然大物，而此時的黃光裕，也不過 38 歲，正如日中天，處於男人一生中最燦爛的季節。

與橫向併購截然不同，縱向併購是指那些生產和經營業務互為上下游關係的企業之間的併購。

縱向併購又分向前併購和向後併購兩種形式。

向前併購是向其最終用戶的併購，如一家紡織公司與使用

其產品的印染公司的結合。向後併購是向其供應商的併購，如一家鋼鐵公司與鐵礦公司的結合。縱向併購的目的在於控制某行業、某部門生產與銷售的全過程，加速生產流程，縮短生產週期，減少交易費用，獲得一體化的綜合效益。同時，縱向併購還可以避開橫向併購中經常遇到的反托拉斯法的限制。其缺點是企業生存發展受到市場因素的影響較大。

通過縱向併購，企業實現一體化，這能幫助企業降低成本，贏得競爭，例如在鋼和鐵的一體化案例中，兼併節省了在加熱的成本和運輸成本。企業內部交易可以消除搜尋價格、簽訂合約、收取貨款、做廣告的成本，部份減少交流和協議的相關成本，這些都能為企業贏得更多利潤，在競爭中更加主動。

在一次併購中，既有橫向併購，又有縱向併購，那麼這種兩者相結合的併購稱為混合併購。混合併購一般分為產品擴張型、市場擴張型和純混合型三種。產品擴張型併購是指一家企業以原有產品和市場為基礎，通過併購其他企業進入相關產業的經營領域，達到擴大經營範圍、增強企業實力的目的。

市場擴張型併購是指生產同種產品，但產品在不同地區的市場上銷售的企業之間的併購，以此擴大市場，提高市場佔有率。

純混合型併購是指生產和職能上沒有任何聯繫的兩家或多家企業的併購。這種併購又稱為集團擴張，目的是進入更具增長潛力和利潤率較高的領域，實現投資多元化和經營多元化，通過先進的財務管理和集中化的行政管理來取得規模經濟。

44 併購後的協同效應難題

　　一個王國有一位英俊王子，英勇善戰又頗識詩書，德能皆備，老國王對這個王子更是倍加疼愛，悉心培養，假以時日將是王國的接班人。然而，這個王子不幸中了魔法，變成癩蛤蟆，遍求名醫，都無法破解魔法。

　　此前，一位美麗的公主見過這位王子，愛慕已久，當她聽說王子中了魔法的遭遇之後，身心如焚，衝破種種阻撓去見昔日的王子，為了表達矢志不移的真愛，在眾目睽睽之下當眾親吻那隻由王子變成的癩蛤蟆。瞬間，奇蹟出現了──王子恢復了原形，經歷過劫難的王子更加英俊。

　　這故事是美國著名投資家沃倫‧巴菲特提到的故事，故事記載在巴菲特的《伯克希爾‧哈撒威基金 1981 年年度報告》中。投資界人士經常用這個故事來類比企業併購。

　　巴菲特說，許多經理顯然在童年時期就經常聽到這個令人難以忘懷的故事。實施企業併購的經理們確信，自己的「吻」可以使目標公司的盈利出現奇蹟。

　　這種樂觀主義是必要的。除此之外，還有什麼原因使 A 公司的股東想擁有 B 公司的股份，而接管的代價是他們自己直接去購買股份時的價格的 2 倍呢？換言之，投資者總是不斷出高價買下「癩蛤

蟆」。如果換一個角度來看，投資者給那些願意付出雙倍代價換取親吻癩蛤蟆權利的公主提供資金，那麼最好選擇與真正有活力的癩蛤蟆去親吻。我們已經目睹了許多次親吻，但是幾乎很少產生奇蹟。

目前，一個個現實版的「美麗公主親吻英俊王子或者癩蛤蟆」的故事，正在或者將在中國現實的經濟生活中演繹著，只不過男女主角是中國包括連鎖企業在內的一個個企業，他們在追求著併購的協同效應。

然而，人們很難確定結局：一個「美麗公主是把英俊王子親吻成癩蛤蟆的同時，把自己變成醜陋公主」呢？還是「美麗公主能把癩蛤蟆親吻成英俊王子」呢？在併購中，協同效應是指企業透過合併其獲利能力將高於原有各企業的總和。

協同效應一詞最初與物理科學聯繫在一起，原先與經濟學和金融學的聯繫似乎不那麼緊密，它指的是兩種物質或因素結合在一起產生比兩者獨立運作的效果之和更為顯著的綜合效果。例如，化學上的協同反應是指將兩種化學藥品混合能夠產生比其各自效果之和更為強烈的反應。簡單來說，協同效應即是指 2+2＝5 的現象。

不過，目前協同效應一詞早已經成為金融界投資人士的常用辭彙。

淨收購價值：評價併購協同效應的尺規

對這種協同效應的預期使得企業能夠承擔併購產生的費用，而且還能夠再為目標企業股東提供一定的股份溢價。協同效應可以使合併後的企業顯示正的淨收購價值（Net Acquisition Value，NAV）。

作為協同效應的主要收益，合併後企業的正的淨收購價值常常

被人們吹捧為進行代價昂貴的併購的理由，然而這些收益經常驗證以真正實現。

1. 產生協同效應的必要條件

在任何一起連鎖企業的併購活動中，協同效應的產生一定要以若干競爭條件為前提，但這些必要條件本身並不足以使業績增長。

波士頓顧問公司認為，協同效應產生的四個基本條件是，遠期目標、經營戰略、系統整合以及權力和文化。這四個基本條件代表了併購戰略必須具備的主要因素，以便實現協同效應。

連鎖企業併購的遠期目標必須是對實際運作併購計劃的一種持續指導。如果遠期目標無法轉變為實際行動，將會促使競爭對手採取破壞性報復。

經營戰略的基本條件決定了在那裏能夠產生競爭收益。經營戰略必須說明，新公司如何在行業的整個價值鏈中更加富有競爭力。由於事先缺乏策劃，大多數併購在交易完成時沒有切實的經營戰略。而只是覆述遠景目標，解釋收購方公司資產與目標公司資產如何「優勢互補」。但是，行動勝過言語，沒有了經營戰略的遠景目標只是一句空話。

連鎖企業要想確保獲得併購所帶來的業績增長，遠景目標和經營戰略是必不可少的，但也還是不夠的。

另外兩個基本條件系統整合與權力和文化，也與此密切相關。系統整合強調的是必須要有具體的整合計劃，以實施戰略（例如對銷售力量、銷售體系、信息和控制系統、研究開發和行銷活動的整合）。權力和文化強調的是報酬和激勵機制，以及在組織的不同層面對信息和決策流程的控制。當缺少這些基本條件時，後果就不僅

僅是沒有產生協同效應。

根據競爭條件，這些基本條件是確保業績增長的必要條件，但不是充分條件。即使滿足了這些必不可少的基本條件，也不能說就可以實現協同效應——所以即使在零購並溢價的情況下，協同效應也是有限的。

2.實現協同效應的艱難過程

連鎖企業的併購交易完成之後，接下來的重要任務是將兩個原先獨立的企業整合起來，發揮預期的協同效益。

併購成功的概率不在少數，不過其過程卻非常艱難；而失敗整合過程所帶來的財務影響，將會在交易完成之後的幾年內體現得非常明顯。

連鎖企業在併購中通常要支付溢價，在控股收購中一般還要支付高額溢價，這是為了獲得控制和按比例享受企業收益的權利而支付的走出企業市場價值的費用。在連鎖企業的併購交易中，收購企業通常會以協同效應作為支付溢價的理由。過去的一些收購記錄並沒有實現預期的協同效應，因此市場有時候會質疑這種協同效應的合理性，尤其在收購企業以此作為支付不尋常高額溢價的理由時。

質疑高額溢價合理性的原因之一在於溢價通常是事先支付的，而收益需要經過一段時間才能獲取。實現這些收益所需的時間越長，收益現值就越低。此外，用於將協同效應收益轉化為現值的折現率越高，高額溢價的合理性就越差。

最終實現的協同效應收益可以分解為兩部份：收入提升與成本降低。達成收入提升的經營協同效應，可能比達成成本降低的協同效應更為困難。實現成本降低的協同效應，其來源一般是規模經

濟，或者是消除合併後企業的一些重覆性成本而帶來的成本降低，值得收購者支付更高的溢價，因為目標企業對於收購者比對於自身更加有利可圖。

當然，最理想的情況是連鎖企業能夠同時實現收入提升和成本降低。如果收購者支付了高額溢價，就會承擔實現更高的收入提升和更大幅度的成本降低的壓力。溢價越高，兩部份需要實現的收益就越大。

在連鎖企業併購過程中或後，收購者需要注意相關競爭者的實際反應和預期反應。收入的提升可能是以競爭者收入的下降為代價的，認為競爭者會毫無反應地看著自己以損害它們的利益為代價透過併購提升競爭地位是不現實的。如果一個公司透過併購顯示出績效的提升，競爭者也會做出相應的併購計劃。

在連鎖企業的併購交易中，併購溢價的水準反映了併購後虧損的數量。溢價越高，併購失敗後的損失就越大。

即使籌劃得再完美的企業併購，也有可能是「驚險的跳越」，或者可能「欲速則不達」。當一家連鎖企業在進行併購之前，還是讓我們重溫一下沃倫・巴菲特在《伯克希爾・哈撒威 1982 年年度報告》中的警句：

「市場像上帝一樣，眷顧那些自力更生的人。但是，與上帝不同的是，市場不會原諒那些不知道自己在於什麼的人⋯⋯為了取得一個優秀公司的股權而支付過高的購買價格，會抵消併購後十年企業順利發展所得到的利益。」

2008 年 5 月 14 日，中國經濟型連鎖酒店的領導品牌如家
(Nasdaq：HMIN)在上海公佈了 2008 年度第一季未經審計的公司
財報。根據 2008 年第一季財務報告顯示：2008 年第一季營業
收入比去年同期增長了 94.9％，達到了 3.57 億元人民幣，超過
了此前公司的業績預測。

排除匯兌因素以及七斗星的支出，未計利息、稅項、折舊
及攤銷前的利潤為 4855 萬元人民幣，比 2007 年同期利潤增長
44.1％。計入匯兌損失以及收購七斗星支出後，未計利息、稅
項、折舊及攤銷前的虧損為 1375 萬元人民幣。

令人欣喜的是，2008 年第一季如家新開業酒店 33 家，比
2007 年度第一季新開業酒店增長 200％，去年同期為 11 家，同
時 2008 年第一季簽約及在建酒店為 131 家，遠遠大於去年同期
的 48 家，如家進一步提速發展，擴大市場佔有率，全年新開業
酒店數量已從之前預計的 160～180 家提升至 200 家。

同時，自 2007 年第四季以來，如家七斗星的經營已逐步進
入了良性循環，第一季七斗星營業收入達到了 2820 萬元人民
幣。經過一系列收購後的整合工作，2008 年 4 月份七斗星的出
租率已經達到了 71.9％，平均房價達到 142 元，RevPAR 為 102
元，初步取得了成效。

兩家連鎖酒店在短短幾個月內整合並取得協同效應，是不
容易的。如家快捷連鎖酒店在 2007 年 10 月以 3.4 億元人民幣
收購七斗星 100％股權，至 2008 年第一季財務報告期結束僅有
5 個月時間。目前，如家和七斗星的整合工作正按計劃繼續順
利展開，並會在未來顯示出更大的增長，取得更好的協同效應。

　　「雖然第一季的經營利潤受到了匯兌、七斗星整合及大量新開業酒店的稀釋影響，但如家在保持運營水準和服務品質不斷提升的同時，仍然保持了高速健康增長」，如家在發佈完財報後說，2008 年度第一季如家取得了良好的經營業績，33 家新酒店投入了運營，另外還有 131 家連鎖酒店處於建設和待建設之中，營業收入相比去年同期增加了近一倍。如家在不斷鞏固行業領導地位的同時，將更好地平衡不斷增長的市場佔有率和經營利潤的關係。如家將不斷地努力提供給股東更大的回報，大量新建的酒店將在未來給如家的經營業績做出貢獻。

　　如家財務報告作瞭解讀：「人民幣匯兌損失的增加、整合七斗星的努力以及快速擴張的投資抵消了部份的如家營收，我們將在接下來的財務季裏採取措施減少匯兌的損失，同時加強七斗星的整合力度，提高其營運效率，爭取在 2008 年裏取得更加良好的經營收益。」

表 44-1　2008 年如家連鎖酒店 Q1 相關運營數據

	2007年Q1	2008年Q1	增速
總共開業酒店	145	299	106%
其中新開業酒店	11	33	200%
在建以及簽約酒店數量	48	131	172%
其中在建直營店數量	16	66	313%

　　如家酒店連鎖創立於 2002 年，2006 年 10 月在美國納斯達克上市，作為中國酒店業海外上市第一股，如家現已覆蓋全國近 90 座主要城市、擁有連鎖酒店近 400 多家，形成了遙遙領先

業內的最大的連鎖酒店網路體系。作為行業標杆企業，如家正用實際行動帶動著中國經濟型酒店市場走向成熟和完善。

45 對賭協議「陷阱」

對賭協定就是投資方與企業方在達成融資協定時，對於未來不確定的情況進行一種約定。如果約定的條件出現，投資方可以行使一種權利；如果約定的條件不出現，融資方則行使一種權利。

對賭協議產生的根源在於企業未來贏利能力的不確定性，目的是盡可能地實現投資交易的合理和公平。它既是投資方利益的保護傘，又對融資方起著一定的激勵作用。所以，對賭協議實際上是一種財務工具，是對企業估值的調整，是帶有附加條件的價值評估方式。

健身房實際上也就是個對賭協議，賭的就是你不去。健身房往往不是根據容客率售賣年卡，如果可以容納 500 人，那就賣 2000 張年卡，一方面顧客不會全部在同一個時間段來，另一方面，賭的就是可能將近 1000 人堅持不了太久，最後會不來。健身房年卡到過期時間，還是很多人沒去過多少次，這些沒去多少次的年卡，就是健身房賭贏的結果。

生活中除了健身房，其實身邊的對賭模式比比皆是。

比如使用郵箱時，a 郵箱告訴你免費送你 32G 容量，b 郵箱告訴你送你 100G，然後你就選擇了 b 郵箱，c 看到了說，容量全部免費。

這時候，你是不是覺得好劃得來，全部免費也，使用的時候就不會有心理門檻了，c 郵箱最好。但是，其實平均下來，一個人使用的郵箱容量可能就是 1G(舉例)，其他的都是多餘，正是看到了這點，才可以無限量的送用戶容量，反正也用不到嘛，就算偶爾有用的超過 1G 的，平攤一下人均也是低於 1G 的。

除了郵箱以外，還有買 100M 寬頻實際上你根本用不到 100M，買伺服器送你多少多少容量，上傳照片贈送多少 G 存儲空間，美容院的療程卡，相冊容量等等，送的都是你用不到的容量。

一、防範「對賭協議」可能的陷阱

1. 準確分析對賭協議的利弊

對賭協議是一項高風險融資方式，對企業來說不僅有利，同時也存在被廉價收購的風險。

企業的管理層簽訂對賭協定是為了簡便地獲得大額資金，解決資金「瓶頸」問題，以達到低成本融資和快速擴張的目的。而投資方如摩根士丹利等簽訂對賭協定的目的是，在信息不對稱的情況下控制企業未來業績與發展，降低投資風險，維護自己的利益。

可以說對賭協定對於投資人只有利而無害，只是利多利少的問題。而企業管理層做出這一融資決策，必須以對企業未來行業的發

展和企業經營業績的信心為前提條件。一旦市場環境發生變化，原先約定的業績目標不能達到，企業不得不通過廉價割讓大額股權等方式補償投資者，其損失將是巨大的。企業管理層在決定是否採用對賭方式融資時，應謹慎考慮各種外界因素與企業內部的實際情況，權衡利弊，避免產生不必要的損失。

2.仔細研究並謹慎設計對賭協議條款

對賭協議的核心條款包括兩個方面的主要內容：一是對賭雙方約定未來某一時間判斷企業經營業績的標準。目前較多使用的是贏利水準，如以某一淨利潤、利潤區間或者複合增長率為指標作為對賭的標準。二是對賭雙方約定的對賭賭注與獎懲方式。對賭協定大多以股權、期權認購權、投資額等作為對賭賭注。如果達到事先約定的對賭標準，投資者無償或以較低的價格轉讓一定股權給管理層、或追加投資、或管理層獲得一定的期權認購權等；如果沒有達到對賭標準，則管理層轉讓一定股權給投資者，或者管理層溢價收回投資方所持股票等。

從目前的情況來看，企業在對賭協議中約定的贏利水準過高，對企業管理層的壓力過大。所以企業不能設定過高的標準和過高的賭注，要根據企業的實際情況設定符合未來發展趨勢的標準，以及設定雙方都能接受的賭注。在沒有較大的把握的時候，切不可盲目下注。

二、為什麼要有對賭

現實中出現對賭協定最多的便是投資條款，那麼什麼是對賭協定呢？

1.對賭條款長啥樣

你也可以輕鬆寫出一個對賭條款的框架，例如「投資人以增資方式進入，原股東承諾目標公司於某年底之前上市，若對賭目標未達成，則原股東要回購投資人股權。」

再把這個框架補充完整，得到一個相對完整的對賭條款，例如：

(1)目標公司擬新增註冊資本 2000 萬元，投資人投資 1 億元認繳增資，其中 2000 萬元進入目標公司註冊資本，其餘 8000 萬元作為目標公司資本公積。增資完成後，投資人在目標公司持有 20%股權。

(2)若目標公司未能在 2016 年 12 月 31 日前成功實現合格上市或已存在 2016 年 12 月 31 日前無法上市等情形時，投資人有權要求原股東以現金方式回購投資人持有的全部或部分目標公司股權。

(3)股權回購價格的計算公式為 $P = I \times (1 + r \times n) - Div$，即股權回購價格＝各增資方取得股權時投入的投資總額×（1＋回購溢價率×各投資方支付投資款之日至回購條款履行之日的實際天數÷360）－各增資方從公司獲得累計分紅以及現金補償，其中回購溢價率按照 10%的年回報計算。

2.為什麼要有對賭

一言以蔽之，對賭就是為了保護投資人利益。對賭目標達成了，投資人可以賺錢退出，對賭目標未達成，投資人能得到補償。對賭從字面上看基本能保證投資人只賺不賠，所以這也可以粗淺解釋為什麼對賭通常總是投資人贏。

對賭本意是估值調整機制。比如目標公司估值是 5 億，既然是估值，萬一估錯了呢，所以要在投資後根據目標公司實際的價值重新劃定投融資雙方的權益。

投資人是傾向於要對賭的，因為投資時一怕看走眼，二怕被騙，三是得加個緊箍咒刺激目標公司趕緊掙錢，四是保留一個退出管道。

VC/PE 機構幾乎百分之百都用過對賭，具體到項目裏，大約有一半 VC/PE 投資專案是有對賭的，甚至有的投資人盡調不好好做，就指望著對賭來化解風險。

人民幣基金相比美元基金更加心浮氣躁一點，想掙快錢，所以對對賭的需求也更高。

天使投資人因為要了對賭條款意義也不是特別大，所以天使輪用對賭的相對較少。

目標公司原股東和目標公司總體對對賭「其實一開始是拒絕的」，但為了上市的夢想等等，很多人也就「管不了這些細節了」，比如我就聽某淳樸的小股東說「跟上市有關的文件（指含有對賭的投融資檔）都不讓我參與，是不是不想帶我玩了……」

3.對原股東和目標公司來說，對賭贏了是真的贏了

對原股東和目標公司來說，對賭目標達成了，也就算真的贏了，終於可以擦把汗小喘一口氣了。不論對賭目標是淨利潤還是上市，完成了就說明公司狀況好，投融資雙方都有美好的明天可以期待。

萬一對賭目標未達成，少不了要跟投資人翻臉對撕。現實中，大約有 60%以上的對賭中，目標企業未能達成對賭目標。當然，未達成對賭目標的案例中，大約有 90%多都是協商解決的，只有很少一部分打架打到法庭仲裁庭。

4.對投資人來說，對賭賭贏了其實多半是輸了

如果對賭目標未達成，原股東和/或目標公司要補償投資人，表面看起來投資人是贏的，但其實投資人內心是崩潰的，因為：

①基金期待的幾十倍上百倍的回報泡湯了，同時泡湯的還有管理人期待的 carry。

②靠對賭拿到的這點補償，這也好意思叫錢？！

③退出無望了。讓原股東回購？公司都這樣了，原股東哪有錢回購。讓別人當接盤俠？那得問問其他的投資人大哥大姐，你們誰比較瞎啊？

比如，太子奶的對賭，投資人雖然賭贏了，但其實輸的很徹底。2006 年 11 月，英聯投資、摩根史丹利、高盛三家投行與太子奶集團創始人李途純簽署了一項對賭協定：在三家機構注資後的前 3 年，如果太子奶業績增長超過 50%，就可降低注資方股權；如完不成 30%的業績增長，李途純將會失去控股權。

2008 年，太子奶資金鏈斷裂，三家投行按「對賭協議」當了接盤俠，投資人欲哭無淚。

5.如何雙贏

賭桌上想雙贏，豈不是癡人說夢？其實並不是，投融資雙方的核心關注點其實不在對賭，雙方雖然在很多方面利益不一致，但都是期望投資能增值的。只要投資增值，雙方還是能夠雙贏的。

但看看現在的對賭條款，都是為了將來撕逼準備的，只覆蓋了投資期和退出期，對管理期的增值根本沒起到作用。有人說約定了利潤目標或上市目標，不是可以促進管理團隊好好幹活嗎？或許可以，也或許可以促使他們通過做假賬等沖利潤，甚至促使他們在預期對賭失敗時撒丫子跑路。

對賭目標除了利潤和上市，其實還有很多；對賭機制除了回購、現金補償和股權比例調整之外，其實也還有很多。對於管理期的投資保值和增值，完全可以設置多元化的對賭機制，例如企業無法在一定時期內聘請新的 CEO 則投資方有權增加相應的董事會席位，又如目標公司取得重要專利則增加管理層期權，再如超額實現的利潤作為對管理層的獎勵等等。

三、「對賭協議」是個陷阱嗎？

1.企業對賭成功的案例

摩根士丹利等機構投資蒙牛，是對賭協定在創業型企業中成功應用的典型案例。

1999 年 1 月,牛根生創立了「蒙牛乳業有限公司」,公司註冊資本 100 萬元。後更名為「內蒙古蒙牛乳業股份有限公司」(以下簡稱蒙牛乳業)。

2001 年年底,摩根士丹利等機構與其接觸的時候,蒙牛乳業公司成立尚不足三年,是一個比較典型的創業型企業。

2002 年 6 月,摩根士丹利等機構投資者在開曼群島註冊了開曼公司。

2002 年 9 月,蒙牛乳業的發起人在英屬維京群島註冊成立了金牛公司。同日,蒙牛乳業的投資人、業務聯繫人和僱員註冊成立了銀牛公司。金牛和銀牛各以 1 美元的價格收購了開曼群島公司 50%的股權,其後設立了開曼公司的全資子公司——毛里求斯公司。

2002 年 10 月,摩根士丹利等三家國際投資機構以認股方式向開曼公司注入約 2597 萬美元(折合人民幣約 2.1 億元),取得該公司 90.6%的股權和 49%的投票權,所投資金經毛里求斯公司最終換取了蒙牛乳業 66.7%的股權,蒙牛乳業也變更為合資企業。

2003 年,摩根士丹利等投資機構與蒙牛乳業簽署了類似於中國證券市場可轉債的「可換股文據」,未來換股價格僅為 0.74 港元/股。通過「可換股文據」向蒙牛乳業注資 3523 萬美元,折合人民幣 2.9 億元。「可換股文據」實際上是股票的看漲期權。不過,這種期權價值的高低最終取決於蒙牛乳業未來的業績。如果蒙牛乳業未來業績好,「可換股文據」的高期權價值就可以兌現;反之,則成為廢紙一張。為了使預期增值的目標能夠兌

現，摩根士丹利等投資者與蒙牛管理層簽署了基於業績增長的對賭協定。

雙方約定，從 2003～2006 年，蒙牛乳業的複合年增長率不低於 50%。若達不到目標，公司管理層將輸給摩根士丹利 6000萬～7000 萬股的上市公司股份；如果業績增長達到目標，摩根士丹利等機構就要拿出自己的相應股份獎勵給蒙牛管理層。

2004 年 6 月，蒙牛業績增長達到預期目標。摩根士丹利等機構「可換股文據」的期權價值得以兌現，換股時蒙牛乳業股票價格達到 6 港元以上，給予蒙牛乳業管理層的股份獎勵也都得以兌現。摩根士丹利等機構投資者投資於蒙牛乳業的業績對賭，讓各方都成為贏家。

2.企業對賭失敗的案例

上海永樂家用電器有限公司(以下簡稱永樂家電)成立於 1996年。從業績上看，永樂家電成立初年銷售額只有 100 萬元，到 2004年已經實現近百億元；在市場適應性上，永樂家電經歷了家電零售業巨大變革的洗禮，是一家比較成熟的企業。

2005 年 1 月，摩根士丹利和鼎暉斥資 5000 萬美元收購當時永樂家電 20%的股權，收購價格相當於每股約 0.92 港元。根據媒體報導，摩根士丹利在入股永樂家電以後，還與企業形成約定：無償獲得一個認股權利，在未來某個約定的時間，以每股約 1.38 港元的價格行使約為 1765 萬美元的認股權。

這個認股權利實際上也是一個股票看漲期權。為了使看漲

期權價值兌現，摩根士丹利等機構投資者與企業管理層簽署了一份「對賭協定」。招股說明書顯示，如果永樂家電 2007 年(可延至 2008 年或 2009 年)的淨利潤高於 7.5 億元人民幣，外資股東將向永樂家電管理層轉讓 4697.38 萬股永樂股份；如果淨利潤相等或低於 6.75 億元，永樂家電管理層將向外資股東轉讓 4697.38 萬股；如果淨利潤不高於 6 億元，永樂家電管理層向外資股東轉讓的股份最多將達到 9394.76 萬股，這相當於永樂家電上市後已發行股本總數(不計行使超額配股權)的 4.1％。淨利潤計算不能含有水分，不包括上海永樂房地產投資及非核心業務的任何利潤，並不計任何額外或非經常收益。

從永樂家電上市到摩根士丹利持有的股票鎖定期結束前，由摩根士丹利研究部門給予永樂家電「增持」的評級，並調高永樂家電目標價，推動永樂家電股價大幅上升。而在其第一個股票鎖定期到期的當天，摩根士丹利減持了一半的永樂家電股份(另一半股份還在鎖定期)，並幾乎同時下調永樂家電的評級。當永樂家電難以達到當初雙方簽訂的對賭協議之時，摩根士丹利展開了一系列環環相扣的操作，一方面利用減持永樂家電的行動，引致其他投資者跟風拋售，使永樂家電股價走低，市值大幅縮水，並客觀上使得基於換股方式的永樂家電對大中電器的合併告吹。另一方面，摩根士丹利又調高永樂家電競爭對手國美電器的評級並增持國美電器，並公開發表言論支持國美電器併購永樂家電。因永樂家電未能完成目標，導致控制權旁落，最終被國美電器併購。

可見，融資人與投資人簽訂「對賭協定」既有利也有弊，總之存在風險，創業者須小心防範。

四、對賭協議

投資額、作價和投資工具一定會被放在投資協定的最前面，這個作價會被很多因素影響，對賭協議就是其中一個。

投資協定裏面的對賭條款，大家聽得多了，很多公司在接受投資的時候都簽了這個所謂的「對賭協議」。那麼，什麼是對賭協議呢？其實，這個是投資條款裏面根據業績調整公司投資作價有關條款的一個俗稱。不一定是一條，可能投資協定裏面的幾條都有。所謂的「對賭協議」可能出現在與作價相關的條款裏面，也可能出現在管理層股權激勵條款裏面。既然是根據未來公司的業績對公司作價進行調整，就有賭博的意味在裏面，是投資人和企業家一起賭未來，所以被俗稱為「對賭協議」。

公司估值既跟企業過去的經營成果、收入、利潤有很大關係，也跟未來的成長有很大關係。投資人和企業的現有股東還有管理層相比，對企業的相關財務信息和企業的瞭解有非常大的不對稱性。所以不管他做多少盡職調查，可能也未必跟你一樣能夠摸清楚企業到底是處於怎麼樣的狀況。風險投資是一種長期投資，有時候就是一種賭博。我們常說，不是我不明白，這世界變化快。未來的變數很多，投資人要投資的是你的未來，而且是時間很長的一段未來。不管他投資過多少像你這樣的企業，他對行業的瞭解永遠比不上天天在市場上摸爬滾打的企業家。

這時候，有的風險投資家就會要你保證：「只有完成你說的第一年成長多少，要有多少收入、多少利潤，第二年如何如何，我們才給你多少多少投資。你的公司在多少收入的時候值多少錢，在多少利潤的時候值多少錢，成長率是多少的時候又值多少錢。」這些條件具體下來，就是「對賭協議」。用「對賭條款」解決部份信息不對稱造成的估值差異和管理層激勵問題。

雖說叫「對賭協議」，但實際上很少有人專門把對賭條款拉出來另做一個「對賭協議」，所謂的「對賭協定」，就是指根據公司未來的業績對公司作價進行調整的那些投資條款。調整條款一般有一個觸發條件，就是出現這個觸發條件的時候會調整估值。另外，實際投資協定也會給一個調整區間。例如，公司作價 1000 萬美元，你沒做到成長率 50%，由於 SARS 或全球金融危機這類無法抗拒的原因，你的業務不但沒成長還下滑了，那麼公司作價最多調整到 800 萬美元，有個上下 20%的調整限額。畢竟，投資人把企業家逼急了也不好，一下子調整 50%，這公司都不是你的了，總不能投資人自己跳到前台來經營公司吧。

如果投資人同公司管理層約定，公司投資前作價 3000 萬美元，作價基礎是該公司 2006 年收入 2000 萬美元，稅前淨利潤 500 萬美元，利潤率 25%。也就是通常說的 P/E 為 6。投資時，管理層預計 2008 年收入 2600 萬美元，稅前淨利潤為 650 萬美元，同步增長 30%。

投資人計劃投資 1000 萬美元，按上面的作價基礎就是未來投資人佔公司 1000/(3000＋1000)＝25%的股份，公司管理層和原來的股東佔 75%的股份。

同時，投資協定裏面規定，如果公司 2008 年的增長率小於 20%，或者利潤率低於 20%，公司的利潤率和增長率當然和公司的估值息息相關，那麼公司作價的 P/E 要減成 5。也就是說，如果 2008 年你的公司收入小於 2400 萬美元，利潤小於 480 萬美元，你的公司投資前作價就要改成 2500 萬美元，而不再是 3000 萬美元，那麼你（創業者和管理層）在公司的股份比例就被相應的縮小了，變成 2500/(2500＋1000)＝71%，而投資人的股份增加了，等於是創業者免費送了一部份股份給投資人。

比較出名的被傳媒廣泛報導的對賭協定中，有的賭增長率，有的賭收入。

拋開對賭雙方的成敗不論，一方面，對賭協定解決了投資人和被投資企業在信息上的不對稱問題；另一方面，在一定意義上對賭其實是一種激進型的帶有強烈獎勵、懲罰意義的股權激勵方式，可以極大地激發管理層的積極性。

那麼，到底企業家該不該簽對賭協議？對賭協定的出現是投資人同企業家在關於企業估值達不成一致時的一個折中解決方案。由於企業家對公司估值一般高於投資人，而投資人又無法說服自己這個企業就是值這麼多，那麼就出現了一個折中方案，乾脆大家賭一把，你說你能做到 50% 的增長率，你就做給我看看。

估值不是對企業家最重要的，對賭協議也是一樣，對賭協議不是一個最好的解決方案。為什麼說對賭協定是雙刃劍，就是因為它雖然從一個方面保證了投資人的投資回報，但是也從另外的方面將投資人和企業管理層放到了相對立的一面，而雙方本來是應該同心協力為企業發展一起努力的。尤其是早期的風險投資，市場的不確

定性太強，在詭異多變的市場上，更是要堅持長期發展、共同努力。簽太複雜和太單向壓迫管理層的對賭協定，對企業沒好處，對投資人也沒好處。大家在信任的基礎之上去應變，才是一個比較好的做事方式。

由於早期投資的不確定性，所以對賭協定主要出現在比較成熟的企業投資裏面。從投資人的角度講，畢竟企業發展要看長遠，對賭協議有強力的激勵作用，壓制管理層拼了老命以便能賭贏。如果拼了命還是做不到呢？難免就出現作假行為，不管是沖收入還是做利潤。畢竟，投資人不可能天天呆在企業裏，就是放個財務總監，也未必能看得住。即使不作假，把長期投資壓縮，只看眼前利益，對企業的長期發展也沒有好處。

如果能夠說服投資人通過詳細的盡職調查瞭解企業的情況，使得雙方對投資估值達成比較一致的看法，是不要隨便簽對賭協議。如果不得不賭，非要咬著那個公司估值不放，不妨把約定區間放大一點，你說你能成長 50%以上，那就成長小於 30%時再觸發這些調整條款。調整區間要小一點，不要一下子把什麼都賭上去，20%左右的估值調整大家還都可以接受。多做「最壞情況推演」，永遠是有用的。

五、常用對賭協定的主要內容

1. 財務績效。如企業完成淨收入指標，則投資方進行第二輪注資；如企業收入未達標，則管理層轉讓規定數額的股權給投資者；如企業資產淨值未達標，則投資方的董事會席位增加 3 個。

2.非財務績效。如企業能夠完成超過指定數量的顧客購買產品並得到正面回饋，則管理層獲期權認購權；如企業完成新的戰略合作或取得新專利權，則投資方進行第二輪注資。

3.贖回補償。若企業無法回購優先股，則投資方在董事會或多數席位或者累積股息將被提高；若企業無法以現金方式分紅，則必須以股票方式分紅。

4.股票發行。5 年內企業未上市，投資方有權將企業出售；如企業成功獲得其他投資，並且股價達到指定水準，則投資方的委任狀失效。

六、對賭協議的作用

對賭協議具有雙向的積極作用：一方面能激勵管理者，提升公司價值；另一方面也能保護投資者利益。

如果被投資企業的業績出色，能夠實現預期目標，那麼管理者將通過股票期權的方式獲得企業若干數量的股權(股票)，從而加強對企業的控制權，而且企業也往往能夠獲得投資者的再次注資，從而有利於被投資企業的進一步發展。

因此，有利於激勵管理者更加充分發揮自身才智和能力，以推動企業的快速發展。相反，如果被投資企業業績不能達到預期目標，那麼投資者將有權利獲得更大比例的股權(股票)或者在董事會中獲得更多的席位，從而加大自己對被投資企業的控制權，進而有效地保護自身利益，防範和控制投資風險。

七、建議

1. 謹慎評估企業未來的盈利能力，合理設定協議中企業未來的業績目標。作為融資方的企業管理層應當全面分析市場競爭環境和企業的綜合實力，謹慎評估企業未來的盈利能力，理性設定業績目標。

企業在設定業績目標時應權衡自我積累和外部併購兩種實現方式的利弊和風險。外部併購固然有助於迅速擴大企業的營業規模，但是未必能同時迅速增加利潤。

2. 組合設定財務指標與非財務指標，著眼於長遠利益，培育企業發展後勁。股權基金管理機構只是在其投資期內為所投資企業的業績提升及上市提供幫助，企業管理層才是企業長期穩定發展的主導者和責任承擔者，也是企業長期穩定發展的最終受益者。

3. 聘請資深律師，靈活設定對賭協議條款，最大化自身合理權益。企業管理層如果不熟悉金融運作，則應當聘請律師，請其幫助引入那些不僅能提供資金而且能提供符合企業特點、有利於企業長遠發展資源的私募股權投資機構。在專業律師的幫助下，企業管理層可以靈活設定對賭協議條款，盡力爭取並維護自身最大合理權益，避免將來可能導致麻煩和糾紛的「陷阱」。

在對賭協議中對自己的控制權設定了一個「萬能」保障條款：無論優先股轉換成普通股的比例如何調整，外資機構的股權比例都不能超過公司股本的 40%。還為公司的董事、員工和顧問爭取到了約 611 萬股的股票期權。雖然這會在一定程度上攤薄外資投資者的

權益，但未遭異議，因為在外資投資者看來，只有能夠留住人才的公司，股權才有價值。此外，無錫尚德在對賭協議中還約定「一旦企業上市，對賭協議隨之終止」的條款。

4. 正確評估自我心理承受能力，確定承受底線。只有實現協定約定的業績目標才能獲取高收益，面對未來收益的不確定性和未料及的困難，企業家需要付出超常的努力，必須有很強的心理素質。

46 VC 對連鎖業的估值

估值就是用某種方法對公司的價值進行評估，以便 VC 投資後換走公司對應的股份比例。估值又可以分成兩種：pre-money valuation 和 post-money valuation。pre-money valuation 就是在 VC 的錢投進來之前，公司值多少錢，通常被簡稱為「pre-money」或「pre」。對應的 post-money valuation 就是在 VC 投資之後，公司值多少錢，簡稱為「post-money」或「post」。Post 和 Pre 的關係其實很簡單，post＝pre＋VC 的投資額。

例如：如果一家公司融資 400 萬，VC 給的 pre-money valuation 為 600 萬，那麼 post-money 就是 1000 萬，VC 投資的 400 萬就可以佔 40%的股份，創始人團隊佔 60%(VC 簡稱為「Pre6 投 4」)。

那創業者如何給自己的公司估值呢？通常有下面幾種方法：

⑴最保守的方法：成本法。你把公司做到目前這個狀況花了多少錢？或者說別人需要花費多少錢才能做到你目前的水準？

⑵最不可接受的方法：淨資產法。這種方法完全不考慮公司發展前景、市場地位、團隊甚至知識產權等的價值。尤其是對於Internet、諮詢公司等輕資產的公司，這種方法的估值結果是非常可笑和令人難以接受的。

⑶最不靠譜的方法：現金流折現法。這種方法可能是書本裏介紹最多的，但對於初創企業是最不靠譜的。初創企業的現金流預測太不靠譜，基於一系列不靠譜的現金流折現出來的結果就更不靠譜了。這個方法還是留給投行去給那些正在作上市的成熟項目估值吧。

⑷最常用的方法：P/E 倍數法。P/E 就是價格除以盈利，叫做市盈率。例如現在國內創業板的上市公司，平均市盈率有 100 倍，這個倍數是市場認可的。如果你的公司也跟這些上市各方面差不多，理論上你也可以按照這個倍數來給自己公司估值。例如：你公司去年利潤 100 萬，公司價值就是 1 個億。當然，這是不可能的，因為你沒有上市，那 VC 為了賺錢，P/E 倍數上會大打折扣，他願意給你 10 倍就不錯了。

⑸最現實的方法：可比交易法。跟你差不多行業、規模、收入水準的公司，VC 投資的時候，給了什麼估值，你的估值就在這個數值附近，不可能高太多，否則投資你的 VC 會被人恥笑的。就像在菜市場賣菜，一樣的品種，你的白菜不可能比別人家的白菜賣得貴很多。

47 VC 高估值的陷阱

　　2007 年 10 月，Facebook 將其 1.6％的股份以 2.40 億美元的價格出售給微軟，這項投資是以 Facebook 評估價值 150 億美元為計算基礎的。算下來，微軟給 Facebook 的估值達到了 Facebook 當年收入的 100 倍和當年利潤的 500 倍。Facebook 高達 150 億美元估值的新聞一出，刺激了無數 Internet 創業者的神經。瞬間，神州大地上出現了一大批「中國式的 Facebook」。不過，大量創業者都沒有弄清楚，這個 150 億美元的估值，跟他們自己企業的估值關係並不大。

　　Facebook 的異軍突起，吸引了微軟、雅虎和 Google 等 Internet 巨頭的注意。一方面，Facebook 的模式很可能代表 Internet 商業的一次重大創新，巨頭們願意在早期擁有對這種創新的控制權，因此出大價錢切入也是可以理解的。另一方面，微軟通過對 Facebook 少量股份的收購，一舉將 Facebook 的估值抬高到 150 億美元，實際上企圖斷送 Google、雅虎等巨頭染指 Facebook 的機會。所以，Facebook 的估值中包含很大比例的防禦性估值，也就是說，Facebook 是被故意高估的，是防備 Facebook 被其他巨頭搶購的外部條件。如果參照 Facebook 進行估值，那麼這個估值毫無疑問被大大高估了。

　　如果你認為，「我公司用戶比 Facebook 一半還多，不估個

150 億美元，也要 150 億人民幣」，那麼這完全是外行的想法了。

在美國，Facebook 被故意高估了，在中國也有類似的情況。

2007 年 7 月，盛大以 1 億元人民幣收購錦天科技，該公司創始人——當時年僅 23 歲的彭海濤一舉成為億萬富翁。這一故事讓眾多網遊業者熱血沸騰。很多公司以此津津樂道:「錦天值 1 個億，那麼我的公司應該值多少？」

在自己這樣發問的時候，也許陳天橋正在暗中發笑，因為他的目的已經達到了。不少業內人士分析，盛大以 1 億元人民幣收購錦天科技的終極目的，根本不是錦天科技本身，而是通過這個大肆宣揚的收購案來抬高網遊行業的收購門檻。因為據這些業內人士分析，錦天科技怎麼計算也算不出這樣的公司價值，加上團隊也被競爭對手挖去很大一部份，所以還有一些人認為盛大傻呢。

2007 年，上市前的巨人網路、網龍網路等均表示，上市後的第一要務就是「收購國內優秀網遊開發商」。一年後的今天，網遊業併購案並未如想像般風起雲湧。這時候，錦天科技收購案對盛大的價值才真正凸顯出來。

2007 年，幾個網遊公司上市融得鉅資，讓一向以網遊老大自居的盛大感到緊張。這一行業歷經近 10 年的發展，仍未出現壟斷巨頭，新企業不斷湧現。如何保住自身地位是作為先行者的盛大最為關心的問題，盛大以此狙擊後來者不失為上策。「大家都來收購，那麼我就先來定個價，願意買你就買去，只要你能買到物美價廉的『貨』，只要你的投資者通得過。」

　　實際上，盛大的付出並沒有外界想像的那麼大。用 1 億元收購並不是一次性支付，而是通過對賭協議，即先期給一部份資金，並定下商業目標，視完成情況再進行下一步資金進入。「其實盛大以很小的成本做了一件很大的事情，即給網遊行業收購定了一個很高的尺規。」

　　看來盛大公司的策略是成功的，從那以後網遊行業的確沒有大的收購出現。談收購的項目，很多最後都因價格問題不歡而散。無奈的競爭公司找不到價位合理的網遊企業作為收購對象，只得將目光轉向了社區類網站 51.com。

　　盛大公司不僅為競爭對手設立了一個很高的收購價格樣本，還讓眾多網遊開發商充滿自信而「從高定價」。眾多中小網遊開發商堅信：「在從世界各地飛往北京的飛機上，頭等艙坐滿了要進軍網路遊戲的投資界風雲人物。」在這樣的神話之後，為什麼沒有產生更多的投資故事？這正是盛大公司通過錦天科技設立了併購的價格標杆，導致了網遊產業企業估值集體膨脹造成的。

　　中小網遊開發商過高估計自身價值，導致許多大的公司很難併購國內網遊開發商。併購成本這麼高，還不如自己開發呢。如果投資人都說「不太願意投資網遊業，因為價格太高」，那麼中小網遊企業就拿不到投資發展企業，早期的投資人也無法通過併購退出。

　　這就是高估值帶來的投資陷阱。所以，被媒體大肆炒作的價錢未必是算數的，可以參考，但別把那個數字隨便就當成了自己談判的底線。

48 什麼是清算優先權

清算優先權是 VC 投資協定 Term Sheet 中一個非常重要的條款，它決定著公司在清算後，那個大蛋糕怎麼分配的重大問題。清算優先權一般也是「投資協定條款清單」上面最先引起企業家困惑的條款。通常情況下，它是緊接著投資模式和股價條款出現的。

所謂清算優先權條款，就是指清算後資金如何優先分配給持有公司某特定系列股份的股東，然後再分配給其他股東。例如，A 輪(Series A)融資的 Term Sheet 中，規定 A 輪投資人，即 A 系列優先股股東(Series A Preferred shareholders)能在普通股(Common)股東之前獲得多少回報。

這個條款是確定在任何非 IPO 退出時的資金分配的。IPO 之前，優先股要自動轉換成普通股，清算優先權問題就不存在了。而大部份的公司最後可能的退出方式不會是 IPO。創業者要現實一點，不管你對自己和公司是否有信心衝到上市那一刻，都應該詳細瞭解這個條款。

清算優先權的本質，就是風險投資的投資人要求在創業者和團隊發財之前先收回他們的資金。例如：在公司清盤、解散、合併、被收購、出售控股股權，以及出售主要部份或全部資產時(以上參見清算事件定義)，A 系列優先股的持有者有權獲得原購買價的 2 倍，加上 8%的全部未付股息的金額。剩餘資產的分配，按優先股 1:

1 轉換成普通股後，普通股股東與優先股股東按轉換後的比例進行分配。

　　清算優先權的條款對於 VC 特別重要，無論你怎麼談判也去不掉它，不過上面幾個數字還是可以有討價還價的餘地。覺得不公平了？憑什麼分錢的時候 VC 要先拿走啊？下面這個例子可以很快讓你理解你的投資人為什麼那麼看重它？為什麼分錢的時候他先分？

　　例如，你借著一個看起來前途偉大的商業構想，弄了個看起來特受歡迎的網站，從投資人那裏獲得 1000 萬美元的投資，出讓了50%股份。然而，在 VC 的資金到賬後立刻關閉公司。這時候，投資人一看，公司也沒什麼其他資產，只有幾台服務器，電腦還是租的。如果沒有清算優先條款，那投資人只有得到企業價值(那 1000 萬美元現金)的 50%，這樣你就從投資人那裏白佔了 500 萬美元。

　　為了避免出現這種情況，不讓投資人蒙受損失，風險投資商們會要求最少 1 倍的清算優先權，這樣在公司發展到退出價值超過投資人的投資額之前，你是不會選擇賣公司或者乾脆關閉公司的。因為如果你那樣做，你自己也落不著什麼好處。

　　有時候，你會看到不止一倍，而是兩倍、三倍的優先清算權條款。這是不是一定說明 VC 貪婪，或者他要佔你大便宜？不一定。

　　既然談清算優先權，那當然先要清楚什麼是「清算」事件。不要以為清算事件是一件「壞」事，例如破產或倒閉才算清算。對 VC而言，清算就是「資產變現事件」，這點他們在投資協定中一定會有個明確定義，即什麼樣的情況算是清算。

　　風險投資投資的第一目標就是未來變現退出掙錢，所以，還沒

投資就要把「變現退出掙錢」的事情考慮好。當然，這個倍數對於VC來說越高越好。清算優先權的條款就是這種VC商業邏輯思維的典型體現。

那麼，「資產變現事件」是什麼？一般情況下，股東出讓公司權益而獲得資金，包括合併、被收購，或公司控制權變更和主要資產出售。考慮到主要股權出售和主要資產出售這兩種情況，標準的清算定義一般是：公司合併、被收購、出售控股股權以及出售主要資產，從而導致公司現有股東在佔有續存公司已發行股份的比例不高於50%，以上事件可以被視為清算。

幾乎所有的 VC 選擇可轉換優先股(Convertible Preferred stock)的投資方式，而可轉換優先股的最重要的一個特性就是擁有清算優先權。通常所說的清算優先權有兩個組成部份：優先權(Preference)和參與分配權(Participation)。

如果你接受條款，在各種情況下如何分賬。

假設你的公司投資前估值(Pre-money Valuation)是 300 萬美元，投資後(Post-money)公司的價值是 500 萬美元，因此投資人擁有你公司40%的股份。

情況一：2 年後，公司運營得不是很好，被人以 500 萬美元的價格收購。你認為你手上 60%的股份可以分得 300 萬的現金，也還滿意。但是投資人告訴你，根據協定，他要拿走 400 萬美元(投資額的 2 倍)，剩下的 100 萬美元，你們四六分賬，留給你的只有 60 萬美元。你肯定覺得被投資人給坑了一把，要是你知道這麼賣公司你才能拿這麼點，你肯定不賣啊。

情況二：2 年後，公司運營得很好，被人以 5000 萬美元的價格收購。這時候，你們要算算賬。根據協定，投資人要先拿走 400 萬美元(投資額的 2 倍)，剩下的 4600 萬美元，你們四六分賬，這樣你拿 4600×60％＝2760 萬美元，他拿 400＋4600×40％＝2240 萬美元。你還覺得虧了嗎？不會了吧，你恐怕會覺得沒有那 200 萬美元的關鍵投資，我那裏有這 2760 萬元的收益啊。

兩例子對比就會發現，參與分配的優先股只有在退出價值較小時才會對企業家的利益有比較大的影響。這一方面是因為投資人用這種條款保護自己在公司發展不好情況下的利益，另一方面也是通過這個條款綁住企業家不要過分低價出售公司，而是努力把公司做大，一起掙大錢。如果公司運營非常好，很快就能 IPO 上市，投資人是不會隨便考慮出售等退出模式。他們會等著 IPO 的時候把自己的優先股轉換成普通股，等著 IPO 後股價大漲的時候撈條大魚。那麼，這個清算優先權根本就不會起作用，自動失效。

除了改改幾個數字，還有什麼可談的？上面的例子是 VC 會用到的一種清算優先權的模式。如果還有什麼新發明的分配方案，請教你的律師，再假設幾個可能的情況，按公司發展不好的情況，發展一般的情況，發展特別好的情況這幾個不同假設，自己算一下，就知道這些條款對自己未來收益的影響了。關鍵記住一點，不要以為自己一定能順利上市，覺得這條根本沒用而忽視它。所以，理解清算優先權對自己的未來收益影響，還是非常必要的。

49 可轉債方式融資

　　創業企業在傳統 VC 股權融資時，通常是採取定價融資(Priced Preferred Financing)的方式。這很容易理解，就是 VC 對被投資企業的股份(股票)進行報價，並根據其投資金額獲得企業相應的股份(通常是優先股)。優先股通常擁有優先於普通股的股利、清算、回購、投票等權利，股權投資人是公司的股東，有權投票決定董事會成員，決定公司未來融資或併購交易。

　　如果公司處於早期，融資(30 萬～100 萬美元)的種子資金還有一個不錯選擇——可轉債(Convertible Debt)。這是一種介於債務融資和股權融資之間的融資方式。顧名思義，它首先是「債」，可轉債投資人是以債務協定的方式將錢借給公司，「可轉」就是給予投資人可以將「債」轉換成公司股份的權利，投資人暫時是公司的債權人而非股東。在特定條件下(通常是下一輪股權融資時)，投資人將可轉債的本金和利息轉換成公司的優先股。所以，可轉債通常又被稱為是後續股權融資的過橋貸款(Bridge Loan)。

　　可轉債的融資方式比較適合於早期創業企業向天使投資人或 VC 募集資金。

一、為什麼做可轉債融資

如果可轉債能夠轉換成公司股權，為什麼不省略這個過程，直接做 VC 股權融資呢？可轉債融資對於公司和投資人都有一定的好處。

1. 公司的好處
(1)可轉債避免給公司估值。

尤其是對於初創公司，在募集種子期資金時，公司的估值可能很低，而且很難確定。這樣，如果直接進行股權形式的融資，對創始人的股份稀釋很嚴重。另外，公司可能會很快完成一個新產品的開發、新業務的拓展，或者其他重大里程碑事件，這些都會實質性地、有說服力地提高公司的估值。以可轉債的方式避免估值問題，將投資人權利談判推遲，並通過轉股折扣或認股權證的方式給予可轉債投資人相應的投資回報。

(2)省錢。

公司可能沒有太多的資金實力，不值得花時間和費用進行股權融資。可轉債的文件比 A 輪股權簡單，在律師費上省錢。沒有太多條款需要律師討論，他們只需要修改一下樣本文件即可。

(3)簡便快捷。

可轉債協議容易理解，Term Sheet 通常只有 1～2 頁，最終的交易法律文件也不會超過 10 頁，這相當於 A 輪融資的 Term Sheet 長度。因為需要的文件和調查更少，也不需要雙方就估值問題進行談判，可轉債融資通常能夠比股權融資快。

⑷創始人對公司的控制。

在可轉債融資之後，創始人控制絕大部份或全部的董事會席位，可轉債投資人，尤其是天使，不需要董事會席位。而種子期的股權投資人，尤其是 VC 通常需要。另外，如果是可轉債，你可以從事有利潤但是不需要退出的業務，可轉債投資人可能會比較高興，因為投資人可以從公司獲得分紅，而 VC 不在乎分紅，VC 會影響公司的業務和戰略。

可轉債是個有用的融資工具，尤其是處於非常早期的創業企業。這種融資方式可以讓投資人在不必跟創業者談判估值的情況下對企業進行投資，而把估值問題留給後續投資人。對於早期公司來說，儘快獲得資金、儘快將精力放在業務發展上，是至關重要的。

2.投資人的好處

可轉債融資對投資人也有吸引力：

⑴節省時間、人力成本。可轉債融資可以節省投資人大量盡職調查及談判的時間與成本。

⑵資產處置優先權。因為這些投資人在轉換前是公司的債權人而非股東，如果公司在後續股權融資之前破產，可轉債投資人可以在公司股東之前優先獲得公司資產的主張權。

⑶規避階段性法律風險。投資人在投資對象面臨一些階段性的政策、法律風險時（例如，企業在申請某些需特許經營的牌照且還在等待批復時），採取可轉債的方式，可以規避這種風險，當這種風險消除時，他們就可以將債權轉化成股權。

⑷轉股的價格折扣。可轉債投資通常包含一個轉股時的價格折扣，使投資更有吸引力。

二、確定你是應該股權還是可轉債融資

1.當前股價及 A 輪融資股價

如果種子期的可轉債投資擁有 A 輪融資價格的 20%折扣，而 A 輪融資的價格是 1.00 美元/股，投資人將以 0.80 美元/股的價格轉換成 A 類優先股。那假設種子期投資人願意以 0.90 美元/股的價格購買股份而不是以可轉債投資，你如何選擇呢？

如果你可以將公司今天的股票價格在 A 輪融資之前提高超過 25%（從 0.80 美元/股提升到 1.00 美元/股），那麼就應該接受可轉債融資，否則，接受股權融資。

這個例子中，如果你認為 A 輪融資的價格能超過每股 0.90 美元×125%＝1.125 美元，那麼接受可轉債是划算的。

假如你決定以可轉債的方式進行種子融資，A 輪融資的價格是 2.00 美元/股，在享受 20%的折扣後，可轉債投資人以 1.60 美元/股的價格將投資額轉換成 A 類優先股，相比於 0.90 美元的股價，你當然能獲得很大的好處。但是，如果 A 輪融資的每股價格只有 1.00 美元，可轉債投資人的轉股價格只有 0.80 美元/股，這時你就不划算了。

總之，你是否接受可轉債方式投資，在於你是否能夠將現在的股票價格提高到當前股票價格/（1－折扣率）。

2.當前估值及 A 輪估值

如果你在進行典型的種子期融資，你可能希望以可轉債的方式而不是股權方式。如果種子期的可轉債能夠維持公司 6～12 個月的

經營，你有就有足夠的時間將公司估值提高 25%～100%，這樣可以抵消掉可轉債投資人通常要求的 20%～50%的轉股價格折扣。

例如，如果你種子期以股權方式融資 250000 美元，出讓 15% 股權，公司投資前估值是 142 萬美元(250000/15%－250000＝141.7 萬美元)。如果你確信公司 A 輪融資前估值能夠做到下述額度，那麼可轉債融資是划算的：

142/(1－20%)＝177.5(如果可轉債的折扣率是 20%)，或者

142/(1－50%)＝284(如果可轉債的折扣率是 50%)

通常說來，如果創業者沒有信心將公司的估值從 A 輪融資之後，每一輪提升 2～3 倍的話，最好不要去找 VC，也不會有 VC 對你有興趣。而且實際上，公司估值增長最大的階段就是從種子期至 A 輪融資之間，這個時期公司從一無所有發展到有產品、用戶和收入、利潤。

3.投資人最喜歡的投資時機

有時候，創業公司正在跟一些 VC 融資，但是在融資完成前仍需要資金支援，這些資金可以讓他們招募關鍵人員、購買必要的設備、獲得有潛力的業務等，以便在跟 VC 談判時處於有利的地位。在這種情況下，接受可轉債方式投資是很好的選擇。

或者，有些潛在併購方開始跟公司接觸，創業者也有興趣，但是需要資金支援現在的發展。這個時候可轉債就是很好的選擇，因為如果公司完成併購，償還可轉債的成本也不高，如果不接受併購，公司得到支援，有利於獲得後續 VC 融資，並且在併購談判時仍保持公司的成長。

三、可轉債融資的弊端

弊端一：不能統一創業者和投資人的利益

由於可轉債通常擁有合格融資價格 20%～40%的價格折扣，可轉債的投資額能夠轉換成多少公司股份，決定於 A 輪融資的價格：價格越高，轉換的股份越少：價格越低，轉換的股份越多。為了獲得更多的股份，可轉債投資人有動機與 A 輪投資人一起打壓公司 A 輪融資的估值。如果公司是給可轉債認股權證，結果也是一樣。但創業者當然是願意公司 A 輪融資的估值越高越好，這樣對原始股東的稀釋會越少。當然，可轉債投資人並不願意有人質疑他們的動機與創業者不一致。

弊端二：可轉債投資人在 VC 投資時不轉換的影響

可轉債投資協定中可以設置在 VC 融資時償還或轉換，但是如果投資人不願意轉換，創業者有多大把握保證頂級 VC 願意投資呢？VC 會想：他們為什麼不轉換呢？是不是有些公司內幕我們不知道呢？可轉債投資人放棄轉換是對公司發展沒有信心的表現，這是個消極的信號。

弊端三：到期償還問題

如果公司發展遇到問題，可轉債帶給創業者的後果可能比較嚴重，如果無法按時償還債務，可能會導致公司被投資人接盤或者破產，甚至有可能讓創業者個人承擔連帶的債務責任。

四、結論

可轉債融資是一個有吸引力並且越來越流行的投資方式,無論是對公司而言還是對投資人而言。考慮到涉及的高風險和越來越多的複雜條款,公司及股東應該仔細考慮和權衡可轉債與傳統股權融資的利弊,並能完全瞭解其中的利害關係。

簡而言之,當創業者使用可轉債方式向天使投資人或 VC 進行融資時,可以跟他們說:「我需要資金支援,但現在我不知道公司究竟值多少錢,我只能給你一個與風險匹配的回報補償,讓我們一起做大公司,並等後續專業投資人來對公司價值做出判斷。」

50 如何防範洩露商業秘密

商業秘密,是指不為公眾所知悉,能為權利人帶來經濟利益,具有實用性並經權利人採取保密措施的技術信息和經營信息。因此商業秘密包括兩部份:非專利技術和經營信息。如管理方法、產銷策略、客戶名單、貨源情報等經營信息;生產配方、技術流程、技術訣竅、設計圖紙等技術信息。

商業秘密關乎企業的競爭力,對企業的發展至關重要,有的甚至直接影響到企業的生存。對於大公司來講,其競爭優勢可能來自

於商譽（品牌資產）、獨佔資源或其他公司無法複製的規模效益。而對於大多數高科技公司來說，它們的競爭優勢在於專利或者商業秘密。

商業秘密雖然也受法律保護，但它受法律保護程度相對較弱。因為商業秘密屬於知識產權的一種，知識產權包括商標權、著作權、專利和商業秘密。商業秘密受法律的保護程度要比專利權、商標權、著作權的保護措施弱。商業秘密雖然只是在有限範圍內為人所知，但大多數情況下卻不能限制別人使用（或利用）。另一家企業獨自發明（發現）同一商業秘密，或者用反向工程破解了商業秘密一般並不構成侵權，只有在通過不恰當的手段獲取商業秘密時才有可能引起訴訟。

一、融資時可能會洩露商業秘密的情形

企業在與 VC 接洽過程中，在融資過程中企業家可能要與 5～20 個可能的投資商進行聯繫，遞交商業計劃書，最後還要接受其盡職調查。企業家為了說服投資人把錢投給自己，需要不厭其煩地提交商業計劃書、披露財務報表、介紹商業操作模式和競爭策略、告知自己在公司裏所佔股份、每月的工資、交多少稅，還有管理人員的缺點、公司裏誰是最關鍵的工程師等。

雖然一般職業的創業投資家都會自覺地為他所接洽的企業保守商業秘密，但是如果你所接洽的投資公司已經或者即將投資你的競爭對手或者相關企業，那也難免他不會有私心，向他的關係企業透露一些關於你們企業的信息。

而那些非專業做創業投資的實業發展公司或偶爾為之的個人投資者，則很難說他們會不會自覺為你保守商業秘密了。更有甚者，有些公司很可能專門以投資為名行竊取商業秘密之實。

二、防範措施

為保險起見，企業可採取以下措施防止你的商業秘密洩露或被竊取：

1. 初步接洽時只提供商業計劃書摘要。這是通常做法，投資人也能理解。

2. 遞交正式商業計劃書時，不要在書裏披露特別機密的信息和數據，也不需說明要保密的技術細節，只把這種技術能帶來的好處和它能滿足的市場需求講清楚。必要時可註明「若需有關……的詳細資料，請向某某處索取」的字樣。如投資者真的有投資意向，他會在稍後的盡職調查中詳細瞭解有關細節。有些商業秘密或技術訣竅，不到最後不要急於講出來。

3. 做審慎調查，如詢問與該投資公司打過交道的其他企業家和中介人士，有關該投資公司職業操守情況，或查查有沒有跟企業有利益衝突的地方(如他們已經或即將投資競爭對手)。

4. 徵求專業人士意見。對於有些涉及商業秘密的比較敏感的話題，可以先徵求有關律師、會計師等專業人士的意見，他們一般清楚那些問題到那步是投資人該問的，那些是可以告訴投資人的，以及何時告訴，以什麼樣的方式告訴等。

5. 真正需向投資人披露公司商業秘密時，應請投資公司簽保密

協定，約定商業秘密的內容、保密範圍、期限、違約責任等。也可
只在商業計劃書或投資協定中加入保密條款，而不制定專門的保密
合約。

51 連鎖業的兩個戰略選擇

連鎖業是否進入資本運營，取決於連鎖業者為自己企業制定的
發展戰略，選擇不同的道路，就會有不同的走法。

連鎖業的發展有兩種戰略性的選擇：一種戰略叫和「上樓梯戰
略」，另一種戰略叫作「上電梯戰略」。

上樓梯戰略就是產品運營戰略，企業完全依賴自己的資金積累
滾動發展，把自己的利潤不斷投入到擴大再生產中，使企業像滾雪
球一樣逐漸長大。

上電梯戰略則是資本運營戰略，借助金融資本的力量，透過資
產併購使企業的規模和實力迅速提升，一步到位佔領競爭的制高
點。這兩種戰略各有利弊，兩者取得的成果不是一個等量級的，而
兩者所冒的風險也全然不同。

上樓梯戰略的優點在於自主性強且負擔輕，連鎖業可以把命運
掌握在自己手裏。你想走得快一點，就快點走；你想走得慢一點，
就慢點走；你若不想走了，就坐著歇會兒，沒人管得著你。由於沒
有債務負擔，即使在經營上犯了錯誤，只要不致命都可以東山再

起。然而，選擇上樓梯戰略，你將面臨兩個風險：一個是系統風險，另一個是競爭風險。

連鎖業的風險可以分為外部風險和內部風險。連鎖外部環境的風險被稱為系統風險。系統風險是企業無法廻避也無法控制的，只能被動應對；連鎖業內部經營產生的風險被稱為非系統風險。非系統風險是企業有可能主動控制的，這取決於企業的經營管理水準。海起風浪是系統風險，船出故障是非系統風險；世界金融危機是系統風險，而企業的財務危機是非系統風險；一般情況下，系統風險對企業的威脅要遠遠大於非系統風險。爬樓梯的企業大多都是小企業，抵禦系統風險的能力較弱，如同小船扛不住風浪。市場打個噴嚏，小企業就容易感冒。一般來說，海起風浪首先打翻的都是小船。

由於你的船小，競爭門檻就比較低。就算你的企業盈利了，只要你一賺錢，就會有一大堆人看著眼紅。

上電梯戰略的優缺點剛好與上樓梯戰略互補。其缺點是內部經營風險大，因為債務負擔重，萬一經營失誤，對企業的打擊將產生倍增效應。可是相反，這種倍增效應也可以正面增強企業抵禦外部風險的實力。船大了，抗風浪的能力大大加強。海起風浪打翻的首先都是小船，替你消滅了潛在的競爭對手，待到風平浪靜之後，大船的日子會更好過。同時，你的船大了，競爭門檻會大大提高，讓你的競爭對手望而卻步。老鄉也許被擋在外面進不來了，老外就算能進來，進來也滅不了你。滅不了你就得和你合作，對你只有好處沒有壞處。

如果你的企業採取的是上樓梯戰略，你可以不必涉足資本經營。可是如果你的企業採取的是上電梯戰略，那麼資本經營就是繞

不過去的門檻。當今能夠躋身各類 N 強榜的企業，幾乎沒有不涉足資本經營的。它們的強，固然依賴其產品經營的根基，可是它們的大，卻無不歸功於資本運營的哺育。

上樓梯戰略和上電梯戰略是兩種思路完全不同玩法。如果你選擇上樓梯，那麼你建立的公司就是作為生產或銷售產品的載體。可是如果你選擇上電梯，那麼你成立的公司也許根本就不需要生產或銷售產品。

在今天這個世界上，有很多單純靠資本運營發展起來的企業，它們從頭到尾就沒有生產或銷售過任何一個產品。這種公司被稱為殼公司，顧名思義就是用來裝載公司的殼子，它們的發展壯大不是靠買賣產品，而是靠買賣企業(資產)。殼公司當然不是一無所有，它們最重要的資產就是一個優秀的團隊加上一套誘人的商務模式，以此為餌引進風險投資，然後用風險投資的錢去併購企業。

心得欄

---

52 連鎖企業的上市意義

不少連鎖企業依靠自有資金擴張緩慢，資本巨頭的快速擴張和網路下沉，使商業網點的密集度加大，競爭相當激烈，連鎖原有門店的利潤大幅降低，連鎖企業的生存空間越來越狹小。

一、連鎖企業有四種命運

1. 全國性連鎖網路巨頭。只有極少數連鎖企業能實現這個夢想。

2. 區域或省域性連鎖網路巨頭。有一小部份連鎖企業和資本市場結合後，有可能實現這個夢想。隨著競爭的加劇、市場集中度提高的要求，相當一部份區域或省域性連鎖網路巨頭，會被全國性連鎖網路巨頭溢價兼併或者收購。

3. 維持或者萎縮，或者被別人併購。這還算是一個不錯的結局。

4. 在競爭中被打壓甚至被擠垮。如果不引入外部資金，不和資本市場結合，這是大多數連鎖企業不得不接受的現實結局。

外資零售商的掠奪式開發與大規模進入，使區域零售企業面臨巨大的壓力。業內人士認為，在管理能力、商品結構、供應鏈等各方面內資區域企業都不如外資，以同一業態正面對抗，區域連鎖企業勝算概率不大。

很多連鎖企業一直沒有想清楚：同樣是開店，為什麼資本零售巨頭可以不賺錢甚至賠錢來快速擴張？其實答案很簡單，外資零售巨頭資金實力雄厚，有數十年、甚至上百年積累，家底厚實，都是上市公司，擁有多元化的融資管道，融資非常容易，所以它可以用國外店賺的錢來支持和補貼新店，而連鎖企業卻無法這樣做。

這就叫以強凌弱、以大欺小！

二、連鎖企業上市的必要性

1. 連鎖業缺錢要上市，不缺錢也要上市

包括連鎖企業在內的成長型企業公開發行上市，是其迅速發展壯大的主要途徑。

中小企業公開發行上市，主要有以下好處：

(1)為中小企業建立了直接融資的平台，有利於提高企業的自有資本的比例，改進企業的資本結構，提高企業自身抗風險的能力，增強企業的發展後勁。

(2)有利於建立現代企業制度，規範法人治理結構，提高企業管理水準，降低經營風險。

(3)有利於建立歸屬清晰、債權明確、保護嚴格、流轉順暢的現代產權制度，增強企業創業和創新的動力。

(4)上市能樹立品牌，提高企業及企業家的聲譽，有利於更有效地開拓市場。

上市品牌效應很強大，因上市而提高企業及企業家的聲譽的例子很多。上市後，電視、網路、報紙會關注上市公司、股評家也不

斷發表意見，進行評析。這都是免費廣告。

⑸有利於完善激勵機制，吸引和留住人才。

上市為原有股東的股份轉讓提供了一個公開流通的市場。上市後，股票一般都有溢價，這對於原始股東來講，簡直有點一夜暴富！尤其是，對於公司的管理層來說，他們一般都佔有股份，當他們離職或退休時，就可以將所持股票轉讓，得到一筆不菲的養老金。對於公司來說，只有管理人員退休時才能給予該股份，如果是非正常的離職，如跳槽，就不能得到股份。這樣公司就能留住優秀管理人員，留住公司的客戶資源，更好地保護了公司的商業秘密。管理層持股只有在上市公司才是名副其實的「金手銬」。如果不是上市公司，股份流通性就會很弱。

⑹有利於企業進行資產併購與重組等資本運作。

2.上市可以優化公司財務結構

企業缺錢就要上市，因為資本市場最基本的功能就是融資。企業通過發行股票並上市，募集企業發展所需的大量資金，能夠擴大企業規模，取得快速發展，成為行業龍頭，增強企業的競爭力和影響力。

企業即使可以拿到信用貸款，也要上市。這是最基本的財務管理原理：貸款屬於間接融資，期間內需要支付利息，期間內不需要歸還「本金」。

間接融資和直接融資的這些特點決定了，要想成為一個好的企業，就要有一個左右逢源的融資來源，就要有一個好的資產負債結構。

某家上市的連鎖企業就是如此，它有公募的股本融資，也有私

募的股本融資；有銀行貸款，也有短期融資券……這樣的公司，即使是受宏觀調控影響較大、銀行貸款不斷加息、信貸條件更加嚴格、銀根一而再地收縮，它也能保證企業健康發展所必需的大量資金。這樣的公司才能抓住有利時機發展壯大，使自己長久地發展。

缺錢要上市，不缺錢也要上市。資本市場的作用不僅限於融資，除了融資的效益以外，資本市場還有品牌效應、財富效應、規範約束效應、創新激勵效應等，對於許多企業來講，即使不缺錢也有必要上市。不少連鎖超市、連鎖餐飲企業有大量的現金流，可是它們已經上市了或者即將上市。

3.上市不會捆住企業的手腳

監管是為了促進企業規範發展，規範的企業不會擔心被監管。實際上，中小企業上市的過程，也是中小企業明確發展方向、完善公司治理、夯實基礎管理、實現規範發展的過程。

中小企業改制上市前，需要分析內外部環境，評價企業優勢劣勢，找準定位，使企業發展戰略清晰化。在改制過程中，保薦人、律師事務所和會計師事務所等眾多專業機構為企業出謀劃策，通過清產核資等一系列過程，幫助中小企業明晰產權關係，規範納稅行為，完善公司治理，建立現代企業制度。改制上市成功後，企業要圍繞資本市場發行上市標準努力「達標」和「持續達標」，同時上市後的退市風險和被併購的風險，促使高管人員更加誠實信用、勤勉盡責，促使企業持續規範發展。

4.投資方須專注

不少企業經營者抱怨，其實自己知道無法貫徹標準化的後果，但資本持有者始終是說話最硬的，無法抗拒，然而資本方很多時候

並非十分瞭解公司實體的運作，只是一味追求規模和上市獲利，非專業卻硬要指揮企業制定策略，這才是根本弊端。

其實這正是目前獲得風險投資青睞的大多本土連鎖企業都面臨的問題，那就是高速擴張的同時，如何控制管理，做到標準化運作，服務一致性。

令人覺得惋惜的是，更多時候，風險投資介入後，急速擴張並造成標準化難以完全執行像是一個惡性循環，這在一些連鎖企業中普遍存在。

在海外市場還是有不少專業投資機構的，也就是說專門投資某一個產業，本身很瞭解實體運作。但這在市場比較少，投資者一般都是看什麼熱門就投資什麼，例如從以前的 TMT 到現在的新型消費類企業。這就導致了投資者只會一味追求規模擴張和短期獲利，大量門店的急速湧現使得連鎖標準化難以執行，企業服務品質下降。當然這裏面也有企業自身的問題，不完全是投資方，但投資方的因素是肯定有的。

在投資過程中，不要一味要求規模，而是從專業角度出發進行指導，參與實體公司運作，貫徹必要的連鎖標準化管理。

53 IPO：首次公開發行上市

　　IPO 的中文全稱是「首次公開發行」，它跟之前公司把股份賣給 VC 的「私募發行」相對應，IPO 是指一家私人公司第一次將公司股份向公眾出售。在首次公開發行完成後，這家公司就可以申請到證券交易所或報價系統掛牌交易，這個過程稱作「上市」，有時也把 IPO 直接稱之為「上市」。

　　VC 基金的壽命期通常為 8～12 年，到期就要清盤結算。VC 的投資只有實現退出，才能給基金的出資人分紅；只有讓出資人賺到錢了，他們才會繼續給 VC 基金投資，VC 團隊才有資格和號召力去募集新的基金。

　　通常來說，IPO 是最理想的退出管道，原因如下：

　　⑴公司上市後，VC 出售手中的公司股份非常容易。理論上在禁售期滿之後，VC 就可以在證券市場把股份賣給散戶，實現套現。如果公司沒有上市，要找到一個買家來接手 VC 手中的股份是需要時間的。

　　⑵公司上市後，VC 手中的股份就擁有了公開的市場價格。一般說來，信息最多的人是最有議價能力的人。最早投資的 VC，他獲得股份的價格是最低的，而證券市場裏的散戶，對公司的瞭解最少，他們最容易以不對稱的高價購買公司股份。公司股份也只有在上市之後，才能獲得最高的市場價格。而 VC 一旦將股份轉移到散

戶手裏，基本上就實現了投資回報的最大化。另外，如果有機構投資者或戰略投資者對公司有興趣，也可以以股份的市場價格為基礎，購買創始人股東手裏的未流通股份。如果公司沒有上市，創始人股東出售公司股份給戰略投資人時，價格談判需要花大量的時間。

⑶公司上市後，VC 可以直接把股份分配給出資人。由於上市公司股份的出售非常便利，基本上跟現金差不多，在 VC 基金壽命期結束時，如果股票市場行情不好，VC 可以不選擇變現手裏的股份，而將股份分配給出資人，現實中具體的操作還是由他們等到適當的時機自行處理。但如果是非上市公司，出資人是很難願意接手這樣的股份的。

IPO 市場一旦變壞，VC 就會非常痛苦，因為他們的後路被切斷了。在 2008 年中期到 2009 年中期，國內 IPO 市場關閉，VC 的投資也急劇下滑。但 IPO 市場一旦過於紅火，VC 也很痛苦。例如：2007 年的 A 股歷史高點和 2009 年底創業板的 100 多倍市盈率，這些讓 VC 感覺到證券市場裏的巨大泡沫，同時創業者的胃口也越來越大，給 VC 的套利空間帶來很多的不確定性，因為等到 VC 的股份解禁出售時，市場行情在那裏誰也預計不到。

如果公司難以上市，那麼對於 VC 來說該公司被其他戰略投資人併購(M&A)也是一個不錯的退出方式。像微軟、思科等這樣的大公司，每年都會收購一些不錯的中小型公司，很多這樣的公司背後都有 VC 的身影。因此，對於被收購公司的創始人和 VC 來說，這相當於自己的公司變相上市了，但成功的收購在國內還非常少見，絕大多數收購都以失敗告終。

另外，如果公司做得不好，VC 讓創業者以回購本公司股份的方式退出是基本行不通的，公司沒做好，創業者那裏有錢回購呢？找一個其他 VC 過來接盤也許可以考慮，但要讓這個新 VC 相信這個公司不是一個燙手山芋是有很大難度的。此事最後的選擇就是該公司關門大吉，VC 搬回家幾台電腦、幾套坐椅。

心得欄 ------------------------------

臺灣的核心競爭力，就在這裏！

圖書出版目錄

　　憲業企管顧問（集團）公司為企業界提供診斷、輔導、培訓等專項工作。下列圖書是由臺灣的憲業企管顧問(集團)公司所出版，自 1993 年秉持專業立場，特別注重實務應用，50 餘位顧問師為企業界提供最專業的經營管理類圖書。

　　選購企管書，敬請認明品牌：憲業企管公司。

1. 傳播書香社會，直接向本出版社購買，一律 9 折優惠，郵遞費用由本公司負擔。服務電話(02)27622241　(03)9310960　　傳真(03)9310961

2. 付款方式：請將書款轉帳到我公司下列的銀行帳戶。

・銀行名稱：合作金庫銀行（敦南分行）　帳號：5034-717-347447
　公司名稱：憲業企管顧問有限公司

・郵局劃撥號碼：18410591　郵局劃撥戶名：憲業企管顧問公司

3. 圖書出版資料每週隨時更新，請見網站 www.bookstore99.com

———— 經營顧問叢書 ————

25	王永慶的經營管理	360 元	122	熱愛工作	360 元
47	營業部門推銷技巧	390 元	125	部門經營計劃工作	360 元
52	堅持一定成功	360 元	129	邁克爾・波特的戰略智慧	360 元
56	對準目標	360 元	130	如何制定企業經營戰略	360 元
60	寶潔品牌操作手冊	360 元	135	成敗關鍵的談判技巧	360 元
72	傳銷致富	360 元	137	生產部門、行銷部門績效考核手冊	360 元
78	財務經理手冊	360 元	139	行銷機能診斷	360 元
79	財務診斷技巧	360 元	140	企業如何節流	360 元
86	企劃管理制度化	360 元	141	責任	360 元
91	汽車販賣技巧大公開	360 元	142	企業接棒人	360 元
97	企業收款管理	360 元	144	企業的外包操作管理	360 元
100	幹部決定執行力	360 元			

146	主管階層績效考核手冊	360 元
147	六步打造績效考核體系	360 元
148	六步打造培訓體系	360 元
149	展覽會行銷技巧	360 元
150	企業流程管理技巧	360 元
152	向西點軍校學管理	360 元
154	領導你的成功團隊	360 元
155	頂尖傳銷術	360 元
160	各部門編制預算工作	360 元
163	只為成功找方法，不為失敗找藉口	360 元
167	網路商店管理手冊	360 元
168	生氣不如爭氣	360 元
170	模仿就能成功	350 元
176	每天進步一點點	350 元
181	速度是贏利關鍵	360 元
183	如何識別人才	360 元
184	找方法解決問題	360 元
185	不景氣時期，如何降低成本	360 元
186	營業管理疑難雜症與對策	360 元
187	廠商掌握零售賣場的竅門	360 元
188	推銷之神傳世技巧	360 元
189	企業經營案例解析	360 元
191	豐田汽車管理模式	360 元
192	企業執行力（技巧篇）	360 元
193	領導魅力	360 元
198	銷售說服技巧	360 元
199	促銷工具疑難雜症與對策	360 元
200	如何推動目標管理（第三版）	390 元
201	網路行銷技巧	360 元
204	客戶服務部工作流程	360 元
206	如何鞏固客戶（增訂二版）	360 元
208	經濟大崩潰	360 元
215	行銷計劃書的撰寫與執行	360 元
216	內部控制實務與案例	360 元
217	透視財務分析內幕	360 元
219	總經理如何管理公司	360 元
222	確保新產品銷售成功	360 元
223	品牌成功關鍵步驟	360 元
224	客戶服務部門績效量化指標	360 元

226	商業網站成功密碼	360 元
228	經營分析	360 元
229	產品經理手冊	360 元
230	診斷改善你的企業	360 元
232	電子郵件成功技巧	360 元
234	銷售通路管理實務〈增訂二版〉	360 元
235	求職面試一定成功	360 元
236	客戶管理操作實務〈增訂二版〉	360 元
237	總經理如何領導成功團隊	360 元
238	總經理如何熟悉財務控制	360 元
239	總經理如何靈活調動資金	360 元
240	有趣的生活經濟學	360 元
241	業務員經營轄區市場（增訂二版）	360 元
242	搜索引擎行銷	360 元
243	如何推動利潤中心制度（增訂二版）	360 元
244	經營智慧	360 元
245	企業危機應對實戰技巧	360 元
246	行銷總監工作指引	360 元
247	行銷總監實戰案例	360 元
248	企業戰略執行手冊	360 元
249	大客戶搖錢樹	360 元
250	企業經營計劃〈增訂二版〉	360 元
252	營業管理實務（增訂二版）	360 元
253	銷售部門績效考核量化指標	360 元
254	員工招聘操作手冊	360 元
256	有效溝通技巧	360 元
257	會議手冊	360 元
258	如何處理員工離職問題	360 元
259	提高工作效率	360 元
261	員工招聘性向測試方法	360 元
262	解決問題	360 元
263	微利時代制勝法寶	360 元
264	如何拿到 VC（風險投資）的錢	360 元
267	促銷管理實務〈增訂五版〉	360 元
268	顧客情報管理技巧	360 元

269	如何改善企業組織績效〈增訂二版〉	360元
270	低調才是大智慧	360元
272	主管必備的授權技巧	360元
275	主管如何激勵部屬	360元
276	輕鬆擁有幽默口才	360元
277	各部門年度計劃工作（增訂二版）	360元
278	面試主考官工作實務	360元
279	總經理重點工作(增訂二版)	360元
282	如何提高市場佔有率（增訂二版）	360元
283	財務部流程規範化管理（增訂二版）	360元
284	時間管理手冊	360元
285	人事經理操作手冊（增訂二版）	360元
286	贏得競爭優勢的模仿戰略	360元
287	電話推銷培訓教材（增訂三版）	360元
288	贏在細節管理（增訂二版）	360元
289	企業識別系統 CIS（增訂二版）	360元
290	部門主管手冊（增訂五版）	360元
291	財務查帳技巧（增訂二版）	360元
292	商業簡報技巧	360元
293	業務員疑難雜症與對策（增訂二版）	360元
294	內部控制規範手冊	360元
295	哈佛領導力課程	360元
296	如何診斷企業財務狀況	360元
297	營業部轄區管理規範工具書	360元
298	售後服務手冊	360元
299	業績倍增的銷售技巧	400元
300	行政部流程規範化管理（增訂二版）	400元
301	如何撰寫商業計畫書	400元
302	行銷部流程規範化管理（增訂二版）	400元
303	人力資源部流程規範化管理（增訂四版）	420元

304	生產部流程規範化管理（增訂二版）	400元
305	績效考核手冊(增訂二版)	400元
306	經銷商管理手冊(增訂四版)	420元
307	招聘作業規範手冊	420元
308	喬·吉拉德銷售智慧	400元
309	商品鋪貨規範工具書	400元
310	企業併購案例精華(增訂二版)	420元
311	客戶抱怨手冊	400元
312	如何撰寫職位說明書(增訂二版)	400元
313	總務部門重點工作（增訂三版）	400元
314	客戶拒絕就是銷售成功的開始	400元
315	如何選人、育人、用人、留人、辭人	400元
316	危機管理案例精華	400元
317	節約的都是利潤	400元
318	企業盈利模式	400元
319	應收帳款的管理與催收	420元
320	總經理手冊	420元
321	新產品銷售一定成功	420元
322	銷售獎勵辦法	420元
323	財務主管工作手冊	420元
324	降低人力成本	420元
325	企業如何制度化	420元
326	終端零售店管理手冊	420元
327	客戶管理應用技巧	420元

《商店叢書》

18	店員推銷技巧	360元
30	特許連鎖業經營技巧	360元
35	商店標準操作流程	360元
36	商店導購口才專業培訓	360元
37	速食店操作手冊〈增訂二版〉	360元
38	網路商店創業手冊〈增訂二版〉	360元
40	商店診斷實務	360元
41	店鋪商品管理手冊	360元
42	店員操作手冊（增訂三版）	360元

44	店長如何提升業績〈增訂二版〉	360 元
45	向肯德基學習連鎖經營〈增訂二版〉	360 元
47	賣場如何經營會員制俱樂部	360 元
48	賣場銷量神奇交叉分析	360 元
49	商場促銷法寶	360 元
53	餐飲業工作規範	360 元
54	有效的店員銷售技巧	360 元
55	如何開創連鎖體系〈增訂三版〉	360 元
56	開一家穩賺不賠的網路商店	360 元
57	連鎖業開店複製流程	360 元
58	商舖業績提升技巧	360 元
59	店員工作規範（增訂二版）	400 元
60	連鎖業加盟合約	400 元
61	架設強大的連鎖總部	400 元
62	餐飲業經營技巧	400 元
63	連鎖店操作手冊（增訂五版）	420 元
64	賣場管理督導手冊	420 元
65	連鎖店督導師手冊（增訂二版）	420 元
67	店長數據化管理技巧	420 元
68	開店創業手冊〈增訂四版〉	420 元
69	連鎖業商品開發與物流配送	420 元
70	連鎖業加盟招商與培訓作法	420 元
71	金牌店員內部培訓手冊	420 元
72	如何撰寫連鎖業營運手冊〈增訂三版〉	420 元
73	店長操作手冊（增訂七版）	420 元
74	連鎖企業如何取得投資公司注入資金	420 元

《工廠叢書》

15	工廠設備維護手冊	380 元
16	品管圈活動指南	380 元
17	品管圈推動實務	380 元
20	如何推動提案制度	380 元
24	六西格瑪管理手冊	380 元
30	生產績效診斷與評估	380 元
32	如何藉助 IE 提升業績	380 元
38	目視管理操作技巧(增訂二版)	380 元

46	降低生產成本	380 元
47	物流配送績效管理	380 元
51	透視流程改善技巧	380 元
55	企業標準化的創建與推動	380 元
56	精細化生產管理	380 元
57	品質管制手法〈增訂二版〉	380 元
58	如何改善生產績效〈增訂二版〉	380 元
68	打造一流的生產作業廠區	380 元
70	如何控制不良品〈增訂二版〉	380 元
71	全面消除生產浪費	380 元
72	現場工程改善應用手冊	380 元
75	生產計劃的規劃與執行	380 元
77	確保新產品開發成功（增訂四版）	380 元
79	6S 管理運作技巧	380 元
83	品管部經理操作規範〈增訂二版〉	380 元
84	供應商管理手冊	380 元
85	採購管理工作細則〈增訂二版〉	380 元
87	物料管理控制實務〈增訂二版〉	380 元
88	豐田現場管理技巧	380 元
89	生產現場管理實戰案例〈增訂三版〉	380 元
90	如何推動 5S 管理（增訂五版）	420 元
92	生產主管操作手冊(增訂五版)	420 元
93	機器設備維護管理工具書	420 元
94	如何解決工廠問題	420 元
96	生產訂單運作方式與變更管理	420 元
97	商品管理流程控制(增訂四版)	420 元
98	採購管理實務〈增訂六版〉	420 元
99	如何管理倉庫〈增訂八版〉	420 元
100	部門績效考核的量化管理（增訂六版）	420 元
101	如何預防採購舞弊	420 元
102	生產主管工作技巧	420 元
103	工廠管理標準作業流程〈增訂三版〉	420 元

104	採購談判與議價技巧〈增訂三版〉	420 元

《醫學保健叢書》

1	9 週加強免疫能力	320 元
3	如何克服失眠	320 元
4	美麗肌膚有妙方	320 元
5	減肥瘦身一定成功	360 元
6	輕鬆懷孕手冊	360 元
7	育兒保健手冊	360 元
8	輕鬆坐月子	360 元
11	排毒養生方法	360 元
13	排除體內毒素	360 元
14	排除便秘困擾	360 元
15	維生素保健全書	360 元
16	腎臟病患者的治療與保健	360 元
17	肝病患者的治療與保健	360 元
18	糖尿病患者的治療與保健	360 元
19	高血壓患者的治療與保健	360 元
22	給老爸老媽的保健全書	360 元
23	如何降低高血壓	360 元
24	如何治療糖尿病	360 元
25	如何降低膽固醇	360 元
26	人體器官使用說明書	360 元
27	這樣喝水最健康	360 元
28	輕鬆排毒方法	360 元
29	中醫養生手冊	360 元
30	孕婦手冊	360 元
31	育兒手冊	360 元
32	幾千年的中醫養生方法	360 元
34	糖尿病治療全書	360 元
35	活到 120 歲的飲食方法	360 元
36	7 天克服便秘	360 元
37	為長壽做準備	360 元
39	拒絕三高有方法	360 元
40	一定要懷孕	360 元
41	提高免疫力可抵抗癌症	360 元
42	生男生女有技巧〈增訂三版〉	360 元

《培訓叢書》

11	培訓師的現場培訓技巧	360 元
12	培訓師的演講技巧	360 元
15	戶外培訓活動實施技巧	360 元
17	針對部門主管的培訓遊戲	360 元
21	培訓部門經理操作手冊（增訂三版）	360 元
23	培訓部門流程規範化管理	360 元
24	領導技巧培訓遊戲	360 元
26	提升服務品質培訓遊戲	360 元
27	執行能力培訓遊戲	360 元
28	企業如何培訓內部講師	360 元
29	培訓師手冊（增訂五版）	420 元
30	團隊合作培訓遊戲(增訂三版)	420 元
31	激勵員工培訓遊戲	420 元
32	企業培訓活動的破冰遊戲（增訂二版）	420 元
33	解決問題能力培訓遊戲	420 元
34	情商管理培訓遊戲	420 元
35	企業培訓遊戲大全(增訂四版)	420 元
36	銷售部門培訓遊戲綜合本	420 元

《傳銷叢書》

4	傳銷致富	360 元
5	傳銷培訓課程	360 元
10	頂尖傳銷術	360 元
12	現在輪到你成功	350 元
13	鑽石傳銷商培訓手冊	350 元
14	傳銷皇帝的激勵技巧	360 元
15	傳銷皇帝的溝通技巧	360 元
19	傳銷分享會運作範例	360 元
20	傳銷成功技巧（增訂五版）	400 元
21	傳銷領袖（增訂二版）	400 元
22	傳銷話術	400 元
23	如何傳銷邀約	400 元

《幼兒培育叢書》

1	如何培育傑出子女	360 元
2	培育財富子女	360 元
3	如何激發孩子的學習潛能	360 元
4	鼓勵孩子	360 元
5	別溺愛孩子	360 元
6	孩子考第一名	360 元
7	父母要如何與孩子溝通	360 元
8	父母要如何培養孩子的好習慣	360 元

9	父母要如何激發孩子學習潛能	360 元
10	如何讓孩子變得堅強自信	360 元

《成功叢書》

1	猶太富翁經商智慧	360 元
2	致富鑽石法則	360 元
3	發現財富密碼	360 元

《企業傳記叢書》

1	零售巨人沃爾瑪	360 元
2	大型企業失敗啟示錄	360 元
3	企業併購始祖洛克菲勒	360 元
4	透視戴爾經營技巧	360 元
5	亞馬遜網路書店傳奇	360 元
6	動物智慧的企業競爭啟示	320 元
7	CEO 拯救企業	360 元
8	世界首富　宜家王國	360 元
9	航空巨人波音傳奇	360 元
10	傳媒併購大亨	360 元

《智慧叢書》

1	禪的智慧	360 元
2	生活禪	360 元
3	易經的智慧	360 元
4	禪的管理大智慧	360 元
5	改變命運的人生智慧	360 元
6	如何吸取中庸智慧	360 元
7	如何吸取老子智慧	360 元
8	如何吸取易經智慧	360 元
9	經濟大崩潰	360 元
10	有趣的生活經濟學	360 元
11	低調才是大智慧	360 元

《DIY 叢書》

1	居家節約竅門 DIY	360 元
2	愛護汽車 DIY	360 元
3	現代居家風水 DIY	360 元
4	居家收納整理 DIY	360 元
5	廚房竅門 DIY	360 元
6	家庭裝修 DIY	360 元
7	省油大作戰	360 元

《財務管理叢書》

1	如何編制部門年度預算	360 元
2	財務查帳技巧	360 元
3	財務經理手冊	360 元
4	財務診斷技巧	360 元
5	內部控制實務	360 元
6	財務管理制度化	360 元
8	財務部流程規範化管理	360 元
9	如何推動利潤中心制度	360 元

為方便讀者選購，本公司將一部分上述圖書又加以專門分類如下：

《主管叢書》

1	部門主管手冊（增訂五版）	360 元
2	總經理手冊	420 元
4	生產主管操作手冊（增訂五版）	420 元
5	店長操作手冊（增訂六版）	420 元
6	財務經理手冊	360 元
7	人事經理操作手冊	360 元
8	行銷總監工作指引	360 元
9	行銷總監實戰案例	360 元

《總經理叢書》

1	總經理如何經營公司(增訂二版)	360 元
2	總經理如何管理公司	360 元
3	總經理如何領導成功團隊	360 元
4	總經理如何熟悉財務控制	360 元
5	總經理如何靈活調動資金	360 元
6	總經理手冊	420 元

《人事管理叢書》

1	人事經理操作手冊	360 元
2	員工招聘操作手冊	360 元
3	員工招聘性向測試方法	360 元
5	總務部門重點工作（增訂三版）	400 元
6	如何識別人才	360 元
7	如何處理員工離職問題	360 元
8	人力資源部流程規範化管理（增訂四版）	420 元
9	面試主考官工作實務	360 元
10	主管如何激勵部屬	360 元
11	主管必備的授權技巧	360 元
12	部門主管手冊（增訂五版）	360 元

《理財叢書》

1	巴菲特股票投資忠告	360 元
2	受益一生的投資理財	360 元
3	終身理財計劃	360 元
4	如何投資黃金	360 元
5	巴菲特投資必贏技巧	360 元
6	投資基金賺錢方法	360 元
7	索羅斯的基金投資必贏忠告	360 元
8	巴菲特為何投資比亞迪	360 元

《網路行銷叢書》

1	網路商店創業手冊〈增訂二版〉	360 元

2	網路商店管理手冊	360 元
3	網路行銷技巧	360 元
4	商業網站成功密碼	360 元
5	電子郵件成功技巧	360 元
6	搜索引擎行銷	360 元

《企業計劃叢書》

1	企業經營計劃〈增訂二版〉	360 元
2	各部門年度計劃工作	360 元
3	各部門編制預算工作	360 元
4	經營分析	360 元
5	企業戰略執行手冊	360 元

請保留此圖書目錄：

未來在長遠的工作上，此圖書目錄

可能會對您有幫助！！

> # 如何藉助流程改善，
>
> ## 提升企業績效？

敬請參考下列各書，內容保證精彩：
- 透視流程改善技巧（380 元）
- 工廠管理標準作業流程（420 元）
- 商品管理流程控制（420 元）
- 如何改善企業組織績效（360 元）
- 診斷改善你的企業（360 元）

　　上述各書均有在書店陳列販賣，若書店賣完而來不及由庫存書補充上架，請讀者直接向店員詢問、購買，最快速、方便！購買方法如下：

　　銀行名稱：合作金庫銀行 敦南分行(代碼：006)

　　帳號：5034-717-347-447

　　公司名稱：憲業企管顧問有限公司

　　郵局劃撥帳號：18410591

用培訓、提升企業競爭力是萬無一失、事半功倍的方法。其效果更具有超大的「投資報酬力」!

好消息

最 暢 銷 的 工 廠 叢 書

序　號	名　　稱	售　價
47	物流配送績效管理	380 元
51	透視流程改善技巧	380 元
55	企業標準化的創建與推動	380 元
56	精細化生產管理	380 元
57	品質管制手法〈增訂二版〉	380 元
58	如何改善生產績效〈增訂二版〉	380 元
68	打造一流的生產作業廠區	380 元
70	如何控制不良品〈增訂二版〉	380 元
71	全面消除生產浪費	380 元
72	現場工程改善應用手冊	380 元
75	生產計劃的規劃與執行	380 元
77	確保新產品開發成功（增訂四版）	380 元
79	6S 管理運作技巧	380 元
83	品管部經理操作規範〈增訂二版〉	380 元
84	供應商管理手冊	380 元
85	採購管理工作細則〈增訂二版〉	380 元
87	物料管理控制實務〈增訂二版〉	380 元
88	豐田現場管理技巧	380 元
89	生產現場管理實戰案例〈增訂三版〉	380 元
90	如何推動 5S 管理（增訂五版）	420 元
92	生產主管操作手冊（增訂五版）	420 元
93	機器設備維護管理工具書	420 元
94	如何解決工廠問題	420 元
96	生產訂單運作方式與變更管理	420 元
97	商品管理流程控制（增訂四版）	420 元
98	採購管理實務〈增訂六版〉	420 元
99	如何管理倉庫〈增訂八版〉	420 元
100	部門績效考核的量化管理（增訂六版）	420 元
101	如何預防採購舞弊	420 元
102	生產主管工作技巧	420 元
103	工廠管理標準作業流程〈增訂三版〉	420 元

在海外出差的………
臺灣上班族
不斷學習，持續投資在自己的競爭力，最划得來的……

愈來愈多的台灣上班族，到海外工作(或海外出差)，對工作的努力與敬業，是台灣上班族的核心競爭力；一個明顯的例子，返台休假期間，台灣上班族都會抽空再買書，設法充實自身專業能力。

[憲業企管顧問公司]以專業立場，為企業界提供專業咨詢，並提供最專業的各種經營管理類圖書。

85%的台灣上班族都曾經有過購買(或閱讀)[憲業企管顧問公司]所出版的各種企管圖書。

建議你：工作之餘要多看書，加強競爭力。

建立企業圖書館

當市場競爭激烈時：

培訓員工，強化員工競爭力
是企業最佳對策

　　「人才」是企業最大的財富。如何提升人才，是企業永續經營、戰勝對手的核心競爭力。積極培訓公司內部員工，是經濟不景氣時期的最佳戰略，而最快速的具體作法，就是「建立企業內部圖書館，鼓勵員工多閱讀、多進修專業書籍」

　　建議您：請一次購足本公司所出版各種經營管理類圖書，作為貴公司內部員工培訓圖書。使用率高的（例如「贏在細節管理」），準備 3 本；使用率低的（例如「工廠設備維護手冊」），只買 1 本。

給總經理的話

　　總經理公事繁忙，還要設法擠出時間，赴外上課進修學習，努力不懈，力爭上游。

　　總經理拚命充電，但是員工呢？

　　公司的執行仍然要靠員工，為什麼不要讓員工一起進修學習呢？

　　買幾本好書，交待員工一起讀書，或是買好書送給員工當禮品。簡單、立刻可行，多好的事！

商店叢書 ⑭   售價：420 元

連鎖企業如何取得投資公司注入資金

西元二〇一七年十二月   初版一刷

編著：張向紅　蔣浩恩　黃憲仁

策劃：麥可國際出版有限公司（新加坡）

編輯：蕭玲

校對：劉飛娟

發行人：黃憲仁

發行所：憲業企管顧問有限公司

電話：(02) 2762-2241　　(03) 9310960　　0930872873

電子郵件聯絡信箱：huang2838@yahoo.com.tw

銀行 ATM 轉帳：合作金庫銀行　　帳號：5034-717-347447

郵政劃撥：18410591　　憲業企管顧問有限公司

江祖平律師顧問：紙品書、數位書著作權與版權均歸本公司所有

登記證：行政業新聞局版台業字第 6380 號

本公司徵求海外版權出版代理商 （0930872873）

本圖書是由憲業企管顧問（集團）公司所出版，以專業立場，為企業界提供最專業的各種經營管理類圖書。

圖書編號 ISBN：978-986-369-064-1